Abdelkader Hocine

Analyse et modélisation des réservoirs en matériaux composites

Abdelkader Hocine

Analyse et modélisation des réservoirs en matériaux composites

Calcul des structures en composites

Presses Académiques Francophones

Mentions légales / Imprint (applicable pour l'Allemagne seulement / only for Germany)
Information bibliographique publiée par la Deutsche Nationalbibliothek: La Deutsche Nationalbibliothek inscrit cette publication à la Deutsche Nationalbibliografie; des données bibliographiques détaillées sont disponibles sur internet à l'adresse http://dnb.d-nb.de.
Toutes marques et noms de produits mentionnés dans ce livre demeurent sous la protection des marques, des marques déposées et des brevets, et sont des marques ou des marques déposées de leurs détenteurs respectifs. L'utilisation des marques, noms de produits, noms communs, noms commerciaux, descriptions de produits, etc, même sans qu'ils soient mentionnés de façon particulière dans ce livre ne signifie en aucune façon que ces noms peuvent être utilisés sans restriction à l'égard de la législation pour la protection des marques et des marques déposées et pourraient donc être utilisés par quiconque.

Photo de la couverture: www.ingimage.com

Editeur: Presses Académiques Francophones est une marque déposée de
Südwestdeutscher Verlag für Hochschulschriften GmbH & Co. KG
Heinrich-Böcking-Str. 6-8, 66121 Sarrebruck, Allemagne
Téléphone +49 681 37 20 271-1, Fax +49 681 37 20 271-0
Email: info@presses-academiques.com

Produit en Allemagne:
Schaltungsdienst Lange o.H.G., Berlin
Books on Demand GmbH, Norderstedt
Reha GmbH, Saarbrücken
Amazon Distribution GmbH, Leipzig
ISBN: 978-3-8381-8825-6

Imprint (only for USA, GB)
Bibliographic information published by the Deutsche Nationalbibliothek: The Deutsche Nationalbibliothek lists this publication in the Deutsche Nationalbibliografie; detailed bibliographic data are available in the Internet at http://dnb.d-nb.de.
Any brand names and product names mentioned in this book are subject to trademark, brand or patent protection and are trademarks or registered trademarks of their respective holders. The use of brand names, product names, common names, trade names, product descriptions etc. even without a particular marking in this works is in no way to be construed to mean that such names may be regarded as unrestricted in respect of trademark and brand protection legislation and could thus be used by anyone.

Cover image: www.ingimage.com

Publisher: Presses Académiques Francophones is an imprint of the publishing house
Südwestdeutscher Verlag für Hochschulschriften GmbH & Co. KG
Heinrich-Böcking-Str. 6-8, 66121 Saarbrücken, Germany
Phone +49 681 37 20 271-1, Fax +49 681 37 20 271-0
Email: info@presses-academiques.com

Printed in the U.S.A.
Printed in the U.K. by (see last page)
ISBN: 978-3-8381-8825-6

SOMMAIRE

CHAPITRE III : MODELE DE COMPORTEMENT DE LA SOLUTION DE STOCKAGE

2

CHAPITRE IV : ANALYSE DU COMPORTEMENT DU RESERVOIR DE TYPE III

CHAPITRE V : ANALYSE DU COMPORTEMENT DE LA SOLUTION HYBRIDE

PREFACE

Aujourd'hui, l'énergie consommée dans le monde est essentiellement d'origine fossile (charbon, pétrole, gaz naturel). Cela ne pourra pas se poursuivre dans les prochaines décennies, d'une part à cause de l'épuisement de ces ressources et d'autre part à cause de la production simultanée de CO_2, gaz à effet de serre, qui contribue au réchauffement de l'atmosphère terrestre (Protocole de Kyoto). En plus, l'accroissement de la population de la planète et ses besoins de mobilité contribuent à accélérer ces phénomènes. La question qui se pose est comment faire pour résoudre ces problématiques environnementales et économiques ?

Jules Verne, l'un des plus grands visionnaires français, écrivait en 1870 dans son roman « l'île mystérieuse » : « je pense qu'un jour l'eau sera utilisée comme combustible. L'hydrogène et l'oxygène qui la constituent, soit à l'état séparé ou à l'état combiné, seront les sources inépuisables qui fourniront chaleur et lumière dont l'énergie fournie sera plus importante par comparaison à celle fournie par le charbon. Je crois alors, lorsque les gisements carbonifères seront épuisés, nous nous chaufferons et réchaufferons au moyen de l'eau. Ainsi, l'eau sera le charbon du futur ».

Cette vision de Jules Verne, fait allier un développement technique et social dans un contexte de tensions et d'inégalités tout en maintenant une stabilité économique. Cette stabilité, ou ce palier économique durable, ne peut être envisagé qu'au travers d'un ensemble de solutions pour l'approvisionnement en eau de qualité (santé), pour le contrôle et la protection de l'environnement (survie terrestre) et pour l'économie et la distribution de l'énergie (développement durable). Selon plusieurs travaux menés jusqu'à ce jour, l'hydrogène peut jouer ce rôle et aider à maintenir cet équilibre et cette stabilité.

L'hydrogène est un vecteur énergétique et non une énergie primaire. Il est donc nécessaire de posséder des technologies capables de le produire, de le stocker, de le transporter, de le distribuer et de le convertir par des piles à combustible. L'hydrogène ne se laisse pas pour autant stocker facilement. Concevoir des réservoirs à la fois compacts, sûrs et peu coûteux constitue une étape déterminante pour son utilisation.

Les recherches actuelles étudient trois grandes modes de stockage de l'hydrogène. Le stockage gazeux haute pression, le stockage liquide et le stockage basse pression en phase solide. Le choix du système n'est probablement pas universel et dépend bien sûr de l'application. Quel que soit le mode de stockage retenu, celui-ci devra être sûr, économique et devra permettre d'obtenir une autonomie comparable à celle que nous connaissons aujourd'hui (d'au moins 500 km pour une application automobile).

Le stockage du gaz hydrogène sous pression dans un réservoir en acier est une technique fortement pénalisée par le poids des bouteilles et compte-tenu des problèmes de fragilisation de l'acier induits par l'hydrogène, les parois doivent être suffisamment épaisses et résistantes. Toute augmentation d'épaisseur entraîne ainsi un accroissement de la masse de l'enveloppe limitant tout développement futur de cette technique.

Plusieurs travaux cités dans ce document ont favorisés l'utilisation des matériaux composites, pour les structures cylindriques destinées au stockage. Les coques cylindriques stratifiées sont largement utilisées dans plusieurs branches d'ingénierie. L'inconvénient majeur de ces matériaux pour ce genre d'application est leur perméabilité. Pour cela, ils sont enroulés sur des enveloppes métalliques ou plastiques dites « Liner ». Ce choix de conception permet de prévenir contre la diffusion à travers la paroi ou les fuites lorsqu'il est conçu pour le stockage des liquides soumis à des variations de températures. Pour les liners métalliques, qui font l'objet de ce travail, ils sont très sensibles à l'hydrogène par un phénomène de fragilisation. Ce phénomène dû à la taille de la molécule d'hydrogène, qui est la plus petite qui soit, ce qui lui permet de se faufiler à travers de nombreuses structures moléculaires. En outre, les atomes d'hydrogène peuvent altérer les propriétés mécaniques du liner : ils le fragilisent en le rendant cassant et réduisent ces résistances à la corrosion.

Afin de résoudre cette problématique, nous avons recours à une nouvelle solution de stockage qui consiste en une enveloppe métallique de cœur sous pression, contenant l'hydrogène utile dite liner, une deuxième enveloppe composée d'éléments intermétalliques qui ont la capacité d'absorber de l'hydrogène en cas de fuite et une enveloppe composite réalisée par enroulement filamentaire, qui assure la partie de résistance, qu'on appelle la partie travaillante.

La solution proposé, joue le rôle suivant : en fonctionnement normal, c'est la solution de stockage du gaz comprimé qui est utilisée, mais en cas de défaillance de la partie liner due principalement à des cycles de charge - décharge, l'hydrogène commence à fuir, pour le bloquer, on utilise un intermétallique, qui a la possibilité de stopper cette fuite par un phénomène d'absorption.

Cette solution fait l'objet de recherche du projet SolHy « **Analyse et développement d'une SOLution HYbride combinant les voies solide et gazeuse pour le stockage**

d'hydrogène », qui est mené par le CNRS - France. Avec la participation des laboratoires de LEMTA - Nancy, LCMTR – Thiais et LMARC – Besançon.

En conséquence, cette thèse propose une analyse et modélisation de l'une des architectures proposée par le projet. Nous avons fait le choix de présenter ce travail suivant cinq chapitres.

L'objectif du premier chapitre est de faire un état de l'art du sujet présenté dans ce travail. Les modes existants de conservation de l'hydrogène, le choix de matériaux adaptés à cette conservation, les solutions diverses et variées répondant à la fonction de stockage de l'hydrogène y sont exposées. Une synthèse des différents travaux menés sur les solutions composites destinées au stockage d'hydrogène est également présentée dans ce chapitre. Enfin, la solution retenue au cours du projet Solhy est présentée en détails.

Le deuxième chapitre présente deux volets expérimentaux. Le premier volet se focalise sur une analyse expérimentale menée sur des éprouvettes, dont la forme est proche d'un réservoir de type III. L'objectif principal de ce premier volet est de permettre d'apprécier la bonne fiabilité du modèle analytique, qui sera présenté au cours du chapitre III, et de permettre de l'étendre à l'analyse du gonflement de l'intermétallique au sein de la solution hybride. Le deuxième volet se focalise sur la caractérisation dimensionnelle et mécanique sur des échantillons de rubans d'intermétallique, qui ont été fournis par le LCMTR.

Le troisième chapitre a été consacré à la description du modèle analytique. Ce modèle de comportement, prend en compte les différentes phases de fabrication (polymérisation et frettage) de la solution de stockage avant la mise en essai d'éclatement. L'intérêt primordial de ce modèle est de dimensionner la structure, de prévoir son comportement au cours du chargement mécanique et de prendre en compte une fuite d'hydrogène par une analogie thermique. On note que le modèle élaboré au cours de ce chapitre ne s'intéresse qu'à la section cylindrique du réservoir de stockage, qui est la plus sollicitée par rapport aux dômes.

L'analyse des résultats analytiques du réservoir de stockage de type III, soumis à un chargement de pression interne avec effet de fond fait l'objet du quatrième chapitre. Une approche numérique par éléments finis sous ANSYS11 de la solution de type III permettra de consolider le modèle et enfin une analyse comparative est établie entre les trois analyses analytique, expérimentale et numérique.

Le cinquième et dernier chapitre porte sur l'analyse de la solution de stockage hybride, incluant une enveloppe d'intermétallique en sein du réservoir de type III. La solution est soumise, en premier lieu, à un chargement de pression, ensuite un chargement thermique sur la couche intermétallique est appliqué, afin de représenter son gonflement lors d'une fuite d'hydrogène à travers les fissures qui peuvent prendre place lors du remplissage et soutirage du réservoir au niveau du liner. L'effet du gonflement de l'intermétallique sur le comportement du liner métallique et sur le composite lors d'une fuite fait l'objet de ce chapitre. Une analyse des contraintes, des déformations et des déplacements à travers l'épaisseur de la paroi du réservoir est présentée. L'étude paramétrique ou de sensibilité de l'effet du changement des propriétés des rubans Zr_3Fe est indispensable. La dernière partie du chapitre V a pour objet d'effectuer une première approche paramétrique afin de comprendre la sensibilité des simulations faites au cours de ce chapitre lors d'un changement des propriétés élastiques de la barrière intermétallique.

Enfin, on termine ce travail par des conclusions et des perspectives.

1.1 Introduction

L'approvisionnement futur en énergie est confronté aux différents problèmes de l'épuisement et/ou de la flambée des cours des hydrocarbures fossiles, de l'environnement et des problèmes de sécurité d'approvisionnement. Ces préoccupations croissantes ont notamment fait l'objet de la conférence de Kyoto. Les engagements pris au cours de cette conférence militent en faveur de sources d'énergie propres et renouvelables. Parmi ces énergies, l'hydrogène et les différentes technologies qui permettent de l'exploiter suscitent le plus vif intérêt et sont appelés à connaître un essor important au cours des prochaines décennies. L'utilisation de l'hydrogène pourrait contribuer à réduire les émissions de gaz causées, pour l'essentiel, par la combustion des carburants fossiles.

L'hydrogène est le plus léger des gaz avec une masse moléculaire de 2 g/mol. A température et pression ambiantes, 1 kg d'hydrogène occupe 12.2 m^3. Si on estime les besoins pour un véhicule à 5 kg d'hydrogène, on comprend alors tout l'intérêt de la recherche d'un stockage de haute densité. Ce gaz présente un écart significatif au modèle idéal des gaz parfaits dès qu'on le comprime au-delà de 100 bars ; la loi d'état de ce gaz est toutefois bien connue. C'est aussi, après l'hélium, le gaz ayant la plus faible température d'ébullition (- 253°C ou 20° K) [1], [2].

Les systèmes énergétiques basés sur l'hydrogène séduisent par leurs avantages, qui cadrent bien avec le souci du public, la volonté de réduire les émissions polluantes et le souhait de réduire l'impact du changement climatique. Le carburant hydrogène est efficace et il est perçu comme une énergie renouvelable et propre. On se réjouit de la vapeur d'eau inoffensive qui sort du pot d'échappement mais l'on oublie que l'hydrogène n'est pas une énergie primaire et qu'il doit tout d'abord être produit, stocké et transporté [3].

Notre travail de recherche se focalise sur le stockage de cette source d'énergie et plus particulièrement sur le développement d'un réservoir fiable et résistant.

Les recherches et les développements dans ce domaine visent d'une part à augmenter la densité énergétique par une meilleure compacité du réservoir, d'autre part à augmenter l'énergie spécifique par une diminution du poids du réservoir par rapport à la masse d'hydrogène stockée [4].

1.2 Modes de stockage de l'hydrogène

Le stockage est l'une des étapes clés de l'utilisation de l'hydrogène comme vecteur d'énergie. En effet, quelle que soit l'application visée, il est nécessaire d'avoir un système permettant de stocker l'hydrogène afin de conférer une certaine autonomie à ce système.

Les analyses de la plupart des constructeurs automobiles montrent que les solutions de stockage disponibles sur le marché ne sont pas satisfaisantes pour les applications mobiles (poids et volume trop importants, cinétiques trop faibles, coûts trop élevés…). En matière de stockage embarqué, les objectifs de développement les plus communément admis sont calculés sur la base d'un stockage d'hydrogène embarqué d'une capacité de 5 kg (quantité d'hydrogène permettant théoriquement à un véhicule particulier d'avoir une autonomie d'environ 500 km) [5].

Actuellement, il existe trois grandes familles de systèmes de stockage d'hydrogène, chacune ayant des avantages et des inconvénients spécifiques lui permettant d'être intégrée, ou non, dans une application particulière :

❖ le stockage d'hydrogène comprimé à haute pression (200, 350 et 700 bars) ;

❖ le stockage cryogénique d'hydrogène liquide (-253°C) ;

❖ le stockage solide d'hydrogène.

1.2.1 Stockage gazeux

Le conditionnement de l'hydrogène sous forme gazeuse est une option prometteuse. Les contraintes sont toutefois nombreuses. Léger et volumineux, l'hydrogène doit être comprimé au maximum pour réduire l'encombrement des réservoirs. Des progrès ont été faits pour stockage d'hydrogène embarqué d'une capacité de 5 kg de 200 bars, pression des bouteilles distribuées dans l'industrie avec un volume de 390 L, la pression est passée à 350 bars aujourd'hui pour un volume de 250 L [6]. Les développements concernent maintenant des réservoirs pouvant résister à des pressions de 700 bars pour un volume de stockage de 130 L [7].

Le risque de fuite d'hydrogène doit être également pris en considération compte tenu du caractère inflammable et explosif de ce gaz dans certaines conditions. Or, en raison de la petite taille de sa molécule, l'hydrogène est capable de traverser de nombreux matériaux, y compris certains métaux. De plus, il en fragilise certains en favorisant en particulier la propagation des fissures. L'étude du stockage haute pression consiste à étudier le comportement de ces matériaux en milieu hydrogène.

1.2.2 Stockage liquide

Le stockage par liquéfaction utilise l'importante variation de densité existant entre les états gazeux et liquide, et s'effectue à une température adéquate afin que la pression du liquide soit égale ou voisine de la pression atmosphérique. La liquéfaction permet de réduire par 5 le volume, par rapport à la compression, et la technique utilise des récipients cryogéniques dont l'usage est banalisé dans l'industrie. Cette situation est d'ailleurs assez similaire à celle du gaz naturel liquéfié (GNL) [8]. Bien que ce mode présente une bonne capacité volumique (70 g/dm^3), il pose un certain nombre de problèmes difficiles à résoudre. En premier lieu, ce procédé nécessite des réservoirs cryogéniques à très forte isolation thermique, ce qui pénalise à la fois le volume et le poids de ce mode de stockage, et ne permet pas d'empêcher les pertes thermiques inévitables à 20° K [3].

1.2.3 Stockage solide

Une autre méthode de stockage de l'hydrogène s'appuye sur la formation d'hydrures métalliques solides. L'hydrogène moléculaire est absorbé en effet par une large variété de métaux et d'alliages métalliques. Cette absorption résulte de la combinaison chimique réversible de l'hydrogène avec les atomes composant ces matériaux.

La figure I.1 représente le schéma de principe du stockage de l'hydrogène dans un matériau hydrure cristallin. Les molécules de gaz de dihydrogène se décomposent et sont adsorbées en surface du matériau hydrure (a), puis l'hydrogène diffuse à travers le matériau cristallin et forme une nouvelle phase, dite hydrurée (b).

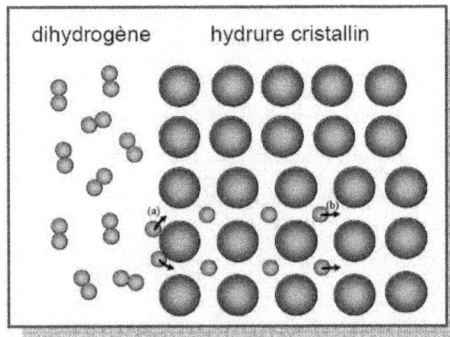

Figure I.1 : Principe de stockage dans un métal [9].

Les capacités volumiques de stockage de l'hydrogène sous pression, liquide ou dans un hydrure type (LaNi$_5$) sont comparées dans la Figure I.2. Cette figure fait apparaître clairement le principal avantage d'un système à hydrure : une densité de stockage incomparable.

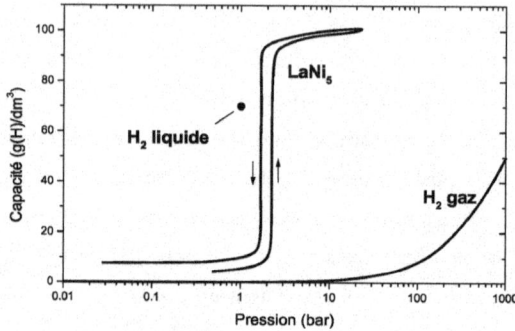

Figure I.2 : Capacités volumiques de stockage pour LaNi$_5$ [3].

En revanche, les hydrures sont pénalisés par leur poids. Ces matériaux sont lourds et ont une faible capacité de stockage (4 Kg d'hydrogène stocké pour 100 kg de matériaux absorbants) [3].

Trois moyens de stocker l'hydrogène ont été présentés, ils montrent chacun des avantages et des inconvénients. Le choix du système n'est probablement pas universel et dépend bien sûr de l'application. Quel que soit le mode de stockage retenu, celui-ci devra être sûr, économique et devra permettre d'obtenir une autonomie comparable à celle que nous connaissons aujourd'hui (d'au moins 500 Km).

Le travail mené ici s'insère dans le cadre du projet SOLHY [10] « Solution hybride », ce projet a pour ambition d'analyser et de développer une solution hybride de stockage d'hydrogène. Il s'agit de combiner le mode de stockage haute pression et le mode par voie solide. Le reste du chapitre se focalise sur ces deux voies et décrit les réservoirs appropriés, ainsi que les matériaux qui entrent dans leur fabrication.

1.3 Etat des connaissances

Ce paragraphe présente une recherche bibliographique sur les différents travaux qui ont traités et analysés les réservoirs à base composite de stockage gazeux. Compte-tenu de la multiplicité et de l'ampleur des différentes études dans le domaine, et dont certaines sont toujours en cours, il s'avère fort délicat d'en dresser un bilan exhaustif et détaillé.

Le développement de cette partie est divisé en quatre sous-parties. La première vise à montrer l'intérêt des composites par rapport aux matériaux métalliques. La deuxième est une brève description générale du procédé de fabrication des réservoirs composites par la technique d'enroulement filamentaire. Cette description permettra de comprendre les types d'architecture de renforts produits par ce procédé. La troisième partie est consacrée à la description des avantages et des inconvénients des réservoirs métalliques renforcés par du composite. Enfin, la solution, semble-t-il non pleinement explorée, consistant à l'association de deux modes de stockage et fait l'objet d'une synthèse de travaux passés ou en cours.

1.3.1 Intérêt des composites

Le stockage des gaz sous pression dans un réservoir en acier, connue par les réservoirs de type I, est une technique éprouvée depuis de nombreuses années et largement répandue de nos jours dans le monde industriel. Toutefois, cette technologie est fortement pénalisée par le poids des bouteilles. A température ambiante, la capacité volumique est de l'ordre de 14 g/dm^3 sous 200 bars. Compte-tenu des problèmes de fragilisation de l'acier induits par les gaz et plus particulièrement par l'hydrogène, les parois doivent être suffisamment épaisses et résistantes. Toute augmentation de pression entraîne aussi un accroissement de la masse de l'enveloppe limitant ainsi tout développement futur de cette technique [11].

Afin de remédier à cette problématique, une attention particulière a été portée à l'utilisation des matériaux composites. Les travaux menés par [12] et [13] considèrent que les matériaux composites se présentent comme un important candidat de substitution pour les matériaux métalliques, du fait de leur grande rigidité et résistance. Ainsi les composites renforcés de fibres sont utilisées largement dans la composition des structures.

La capacité d'adaptation des matériaux composites renforcés de fibres leur permet d'être supérieurs aux matériaux métalliques spécifiques dans plusieurs applications telles que : bâtiments et travaux publics, électricité et électronique, transport ferroviaire, transport routier, transport maritime, aéronautique, aérospatiale, sports et loisirs... Wang [14] conclut que les composites multicouches sont idéaux pour les structures en statique et en dynamique.

Dans le domaine des structures cylindriques, plusieurs travaux ont favorisés l'utilisation des matériaux composites. Les coques cylindriques stratifiées à paroi mince et épaisse sont largement utilisées dans plusieurs branches d'ingénierie.

L'utilisation des matériaux composites permet d'obtenir des coques cylindriques alliant la légèreté et la résistance. On en trouve notamment dans les réservoirs de stockage et les tubes de canalisation [15], [16], [17], [18].

Aujourd'hui, les réservoirs composites sous pression trouvent une large application commerciale pour les réservoirs de gaz naturel ou d'hydrogène comprimé, ainsi que pour le stockage de gaz naturel liquéfié [19]. Plusieurs applications ont été envisagées, parmi elles, on trouve les réservoirs submersibles, qui sont caractérisés par une structure cylindrique stratifiée et des embouts métalliques [20]. Une autre application consiste à les utiliser pour contenir des produits chimiques et pour des applications aérospatiales sous haute pression [21].

1.3.2 Procédés de fabrication des réservoirs composites

Le procédé d'enroulement filamentaire consiste à enrouler une mèche, composée d'une multitude de filaments continus, appelé stratifil, autour d'un mandrin [22]. Le stratifil, au cours de sa trajectoire vers le mandrin, est imprégné de résine avant d'être enroulé (figure I.3).

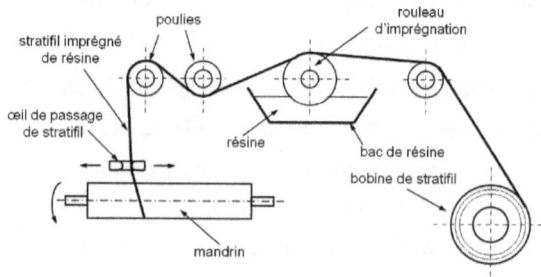

Figure I.3 : Schéma du procédé d'enroulement filamentaire [23].

La tension du stratifil est réglable de façon à pouvoir piloter la compaction du composite. Les déplacements de l'œil de passage du stratifil et la rotation du mandrin sont synchronisés, le plus souvent grâce à un automate de commande numérique similaire à celui de machines-outils.

Le procédé d'enroulement filamentaire produit divers types d'architecture de renfort. Les types d'architecture obtenues avec les machines d'enroulement filamentaire sont au nombre de trois : l'enroulement polaire, l'enroulement hélicoïdal et l'enroulement circonférentiel [24], [25].

> *Enroulement polaire* : ce type d'architecture est utilisé pour des orientations de fibres proches de 0° par rapport à l'axe longitudinal de la pièce. Avec ce type d'enroulement, il est possible de couvrir la totalité de la surface d'une pièce [24]. Le plus souvent, ce type d'enroulement, comme l'indique la figure I.4, est utilisé pour des mandrins avec des extrémités fermées de forme sphérique, ou ayant des dômes.

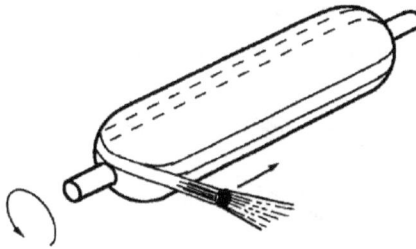

Figure I.4 : Enroulement polaire [25].

> *Enroulement hélicoïdal* : ce mode d'enroulement est utile pour l'enroulement de fibres avec des orientations d'angles entre 5 et 80°. Avec ce type d'enroulement, il est possible de couvrir des surfaces cylindriques, ou coniques, mais il est difficile de couvrir les extrémités, par exemple des dômes de réservoirs [25]. La figure I.5 présente les deux variantes de l'enroulement hélicoïdal : l'enroulement continu (stratifié) et l'enroulement discontinu (croisé) [24].

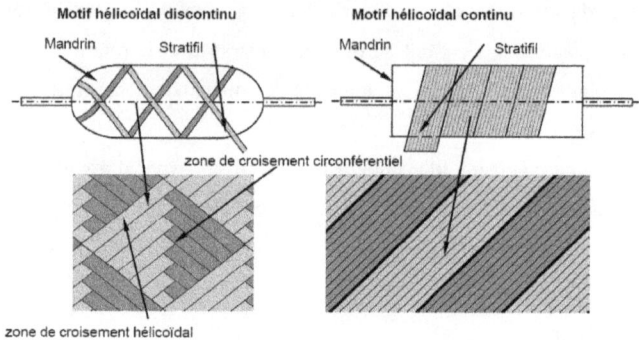

Figure I.5 : Enroulement hélicoïdal : a) motif discontinu, b) motif continu [23].

Enroulement circonférentiel : il est adapté pour des orientations de fibre proches de 90° pour des parties cylindriques et il confère une résistance tangentielle élevée [24]. Son motif comme le présente la figure I.6, est semblable à celui produit par l'enroulement hélicoïdal continu, mais avec des orientations de fibres proches de 90°. Les réservoirs caractérisés purement par ce genre d'enroulement sont connus par les réservoirs de type II.

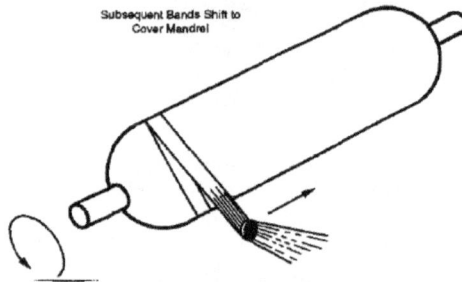

Figure I.6 : Enroulement circonférentiel [25].

1.3.3 Réservoir composite enrobé sur un liner étanche

Le stockage gazeux consiste à conserver le gaz à température ambiante sous pression dans une bouteille. Les premiers réservoirs étaient de **type I**, entièrement métallique serait trop lourds pour le stockage d'hydrogène (figure I.7). Une amélioration notable de cette première technologie consiste à renforcer la bouteille par un enroulement composite juste sur la section cylindrique (**type II**). Actuellement, deux solutions qui ont données une bonne satisfaction : les réservoirs de **type III** : liner métallique – renforcement composite et réservoirs de **type IV** : liner plastique – renforcement composite.

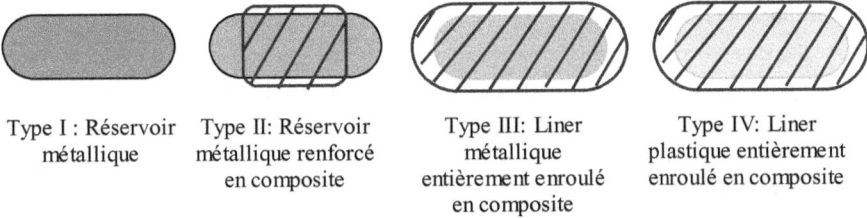

Type I : Réservoir métallique   Type II: Réservoir métallique renforcé en composite   Type III: Liner métallique entièrement enroulé en composite   Type IV: Liner plastique entièrement enroulé en composite

Figure I.7 : Présentation des types de réservoir de stockage d'hydrogène comprimé.

Les réservoirs purement composites présentent un inconvénient majeur, car le gaz peut se faufiler à travers les couches du composite, d'où l'intérêt d'enrober les filaments composites sur une enveloppe destinée à assurer l'étanchéité [19]. Selon [16], deux types de matériaux peuvent se présenter comme candidat, pour la fabrication des liners :

➢ Liner métallique (type III) : le choix du liner en métal est effectué lors de la conception du réservoir composite pour le stockage du gaz à haute pression. Le but de ce choix est de prévenir contre la diffusion à travers la paroi. Les composites enroulés sur une enveloppe métallique sont utilisés dans plusieurs applications : aviation, astronomie, structures chimiques, ... etc [26]. Dans la littérature, deux candidats métalliques se présentent pour jouer ce rôle : les liners minces et épais. Les liners minces prévoient un rapport charge/poids supérieur par rapport aux liners épais ; mais ils présentent d'autres problèmes tels que le flambage durant la phase de décompression. En plus, il ne contribue pas à la rigidité du réservoir. A l'inverse, le liner épais supporte 1/3 voire 1/2 de la charge de la pression interne du réservoir [15].

➢ Liner plastique (type IV) : les matériaux composites enroulés sur des liners en plastique offrent plusieurs avantages, parmi lesquels : la haute résistance, la faible conductivité thermique et un comportement non magnétique. Mais il existe quelques inconvénients, qui se réduisent en une grande perméabilité du liner plastique par rapport au liner métallique et des caractéristiques de l'interface fibres/plastique pouvant être néfastes au comportement mécanique [16].

Les types III et IV présentent a priori tous les avantages : poids, durée de vie et résistance. Ce sont vraisemblablement les seuls réservoirs qui permettront d'atteindre une pression de 700 bars. Dans ce genre de réservoir, c'est le composite qui assure la rigidité de la structure et le liner mince aura comme rôle d'assurer l'étanchéité à l'hydrogène. Une fois l'enroulement effectué, l'ensemble liner plus composite est mis dans une étuve pour réaliser la polymérisation. Cette démarche d'élaboration est décrite dans le paragraphe suivant.

1.3.4 Polymérisation des réservoirs à base composites

L'élaboration des réservoirs composites multicouches à matrice thermodurcissable fait généralement appel à un cycle thermique destiné à polymériser l'empilement des couches préimprégnées comme l'indique la figure I.8.

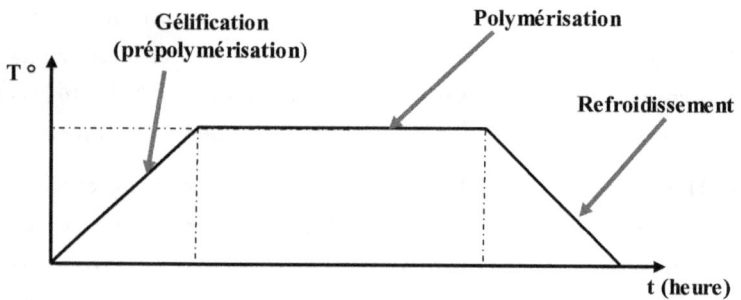

Figure I.8 : Cycle de polymérisation des structures composites.

Un tel cycle se compose de trois phases, la première correspond à l'élimination des volatils et à la gélification de la matrice, suivi d'une seconde phase de polymérisation à plus haute température qui permet d'atteindre le taux de réticulation souhaité et enfin le refroidissement de la structure. Au cours de ces étapes de polymérisation, la fibre et la matrice subissent des variations dimensionnelles d'un coté et le matériau isotrope (liner) d'un autre coté. Lors du refroidissement de l'assemblage, des contraintes internes d'origines thermiques sont développées dans les couches composites et un petit espace (gap) apparaît entre la partie isotrope (liner) et la partie orthotrope (composite).

Le développement des contraintes résiduelles d'origines thermiques et la création d'un gap entre le liner et le composite ont poussés les chercheurs à approfondir la question.

L'objectif du travail de Moncel [27] est d'appréhender les difficultés rencontrées lors de la fabrication et de la modélisation des assemblages de matériaux à coefficients de dilatation différents. Dans le cas d'un assemblage à haute température, des contraintes dues au différentiel de coefficients de dilatation entre le cuivre et le composite (figure I.9) apparaissent lors du refroidissement.

assemblage à haute température   déformée à température ambiante

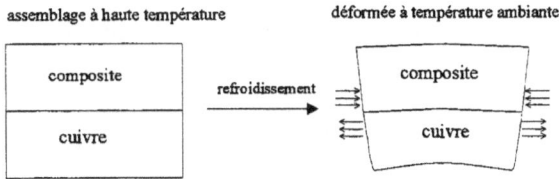

Figure I.9 : Naissance des contraintes résiduelles sur l'assemblage cuivre/composite [27].

Lors de cette phase, le cuivre se contracte de manière plus importante que le composite. Les contraintes parallèles à l'interface sont donc de compression pour le composite et de traction pour le cuivre. Cela entraîne une courbure de l'assemblage et crée des contraintes de flexion. Au cours de ce travail présenté par Moncel [27], des modèles analytiques permettant d'évaluer ces contraintes ont été réalisées. D'après cet auteur, la modélisation analytique de ces contraintes est possible, à condition de simplifier le comportement des matériaux. Dans ce genre de problèmes, plusieurs solutions ont étés proposées pour réduire l'intensité des contraintes, parmi elles, on cite :

❖ **Insertion d'une couche intermédiaire**

Une des techniques que NAKA [28] prévoit d'employer afin de limiter les contraintes résiduelles est l'insertion d'une couche intermédiaire entre les deux matériaux. Cette couche peut être composée de différents types de matériaux. Par conséquent, l'insertion d'une couche intermédiaire composée d'un matériau ayant un coefficient de dilatation thermique proche de celui du composite devrait limiter les contraintes résiduelles, par contre, une faible dilatation thermique est souvent associée à une limite élastique importante.

❖ **Plastification du liner**

Plusieurs auteurs ont montré que l'usage des matériaux ductiles pouvait limiter les contraintes résiduelles. L'avantage d'un matériau à forte plastification par rapport à un matériau à coefficient de dilatation intermédiaire a clairement été démontré lors de l'étude d'assemblages nitrure de silicium/acier [27].

La démarche qui permettra de fermer le gap et de réduire les contraintes résiduelles d'origine thermique par la plastification du liner est connue sous le nom « frettage » ou « timbrage ». Cette méthode d'assemblage est utilisée aujourd'hui dans de nombreuses applications industrielles. En début du chargement, la pression est appliquée juste sur le liner, jusqu'à ce que le liner rentre en contact avec le composite et afin de ne pas avoir un retrait du liner, la pression est augmentée jusqu'à plastification et écrasement du liner sur le composite.

Dans ce sens, plusieurs travaux ont été réalisés par voie analytique, numérique et expérimentale afin de caractériser et d'analyser le comportement des structures composites sous divers chargements mécanique, thermique ou les deux à la fois. Au Laboratoire de Mécanique Appliquée Raymond Chaléat de Besançon, l'étude expérimentale et la modélisation (analytique et numérique) du comportement mécanique des structures multicouches formés d'une matrice polymère renforcée par des fibres longues, ont été réalisés depuis plusieurs années [29], [30], [31], [32], [33], [34], [35], [36], [37], [38], [39] et [40].

Les différents essais ont portés sur plusieurs formes de structures, tubes cylindriques, carrés et dernièrement sur des réservoirs fournis par la société Air liquide [41]. Selon les objectifs tracés par chaque travail, plusieurs modes de chargements ont été effectués : traction-torsion-pression interne, pression interne pure avec ou sans effet de fond, …etc. Au cours du travail de Carbillet [39], des essais numériques et expérimentales (figure I.10) ont été réalisés sur des structures stratifiées tubulaires $[\pm\ 55°]_{12}$ combinant traction et pression interne. Ce mode de chargement qui ressemble à notre type de chargement opté au cours de ce travail et qui sera détaillé dans le chapitre II.

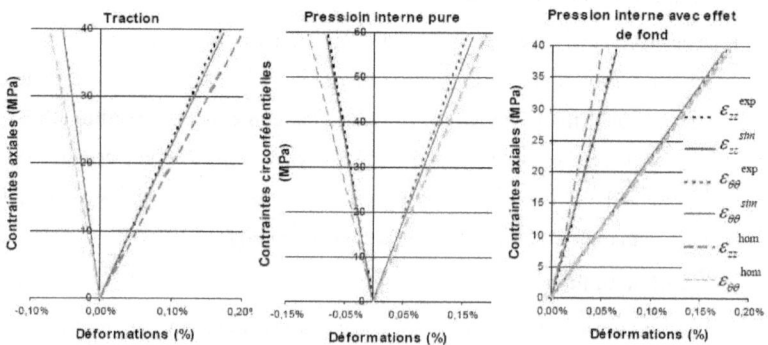

Figure I.10 : Comparaison expérience-simulation en élasticité sur un tube composite [39].

20

Sur le plan théorique ou analytique, deux grande théories ont été utilisées, la théorie classique des stratifiés [15], [42], [43], [44], [45]) et la théorie de l'élasticité [46], [47], [48], [49], [50], [51]. La première qui suppose que les stratifiés composites sont dans un état de contraintes planes et ne prévoit aucune contraintes dans la direction de l'épaisseur. La deuxième montre que les contraintes radiales développées à travers l'épaisseur ont une grande influence sur le choix des séquences d'empilement [47].

Parmi les travaux qui se sont appuyés sur la théorie classique des stratifiés, on retrouve [43], qui a développé une analyse de contraintes en 3D d'un réservoir cylindrique en composite. Lors de ce travail, une comparaison a été établie entre la pression d'éclatement d'une structure à paroi mince et l'autre à paroi épaisse. Dans le même contexte, Lifshitz [15] présente une méthode de calcul, comme outil de dimensionnement, dans le but de déterminer les contraintes et les déformations d'un réservoir en composite enrobé sur une enveloppe épaisse en métal. Un calcul à la rupture est établi et il se base sur le critère de Tsai-Wu. L'effet de la variation de l'épaisseur des plis composites, sur la pression d'éclatement et l'efficacité du réservoir, est analysé. Les résultats de calculs sont confrontés aux résultats expérimentaux d'essais de deux réservoirs de 6 litres ayant le même recouvrement : l'un avec du Kevlar 49/Epoxy et l'autre avec le carbone T300/époxy. Cette confrontation de résultats a permis de valider le modèle de calcul établi.

La théorie classique des stratifiés est également à la base du travail de Parnas [44], qui développe une procédure analytique pour la conception et la prédiction du comportement d'un réservoir sous pression en combinant l'effet mécanique et hygrothermique. La pression interne, la force axiale, la force de la masse due à la rotation en ajoutant la température et la variation de l'humidité à travers le corps sont considérées comme charge. La procédure se base aussi sur le modèle de déformation plane généralisé pour la formulation du problème élastique. De par l'axisymétrie du chargement, le problème est simplifié à une fonction de contrainte dépendant seulement du rayon r. Dans le même cadre de théorie, Zheng [45] focalise son travail sur l'analyse des contraintes et de la pression d'éclatement de la section cylindrique d'un réservoir de type III. L'algorithme de résolution présenté par [45] analyse le comportement élastoplastique du liner d'un coté et l'endommagement du composite de l'autre.

La théorie de l'élasticité a été utilisée dans plusieurs travaux de recherche, comme outil de dimensionnement de différentes structures à base de composite. En se basant sur cette théorie, Varga [46] élabore un modèle de dimensionnement, en calculant les contraintes et déformations sur la section critique du réservoir, c'est-à-dire la partie cylindrique. Le liner en aluminium est caractérisé par un écoulement élastoplastique et le composite en verre/époxy par un comportement élastique. Au cours de ce travail, une méthodologie de la réalisation des réservoirs métalliques renforcés par des matériaux plastiques est présentée. Ce type de réservoir est destiné au stockage du gaz naturel comprimé GNC. La fiabilité de la méthode de conception ainsi que les avantages de la solution structurale choisie ont été éprouvées par la fabrication et l'essai sur des prototypes de réservoirs. Les résultats analytiques et expérimentaux obtenus, présentés dans la figure I.11 ont montré une bonne concordance.

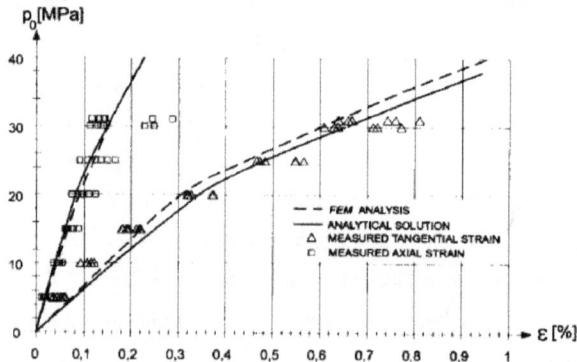

Figure I.11 : Déformations mesurées et calculées à la paroi externe du réservoir [46].

Le mode de fabrication des prototypes a permis d'avoir une apparition d'endommagement au niveau du liner par fatigue. Ce qui entrainera une perte d'intégrité totale de la structure par accroissement du chargement de pression. Les résultats des essais ont indiqués la possibilité de réduire l'épaisseur du liner.

Dans le même contexte, Xia [48] essaye de fournir une base analytique pour la recherche des propriétés mécaniques d'un tube multicouche. Le modèle élaboré est basé sur la théorie de l'élasticité. La structure étudiée est soumise à un chargement uniforme de pression interne et il vérifie les conditions de continuités des contraintes et de déplacements à travers l'épaisseur. Les résultats obtenus révèlent l'effet du mode d'empilement sur les variations des contraintes et des déformations comme l'indique les figures I.12 et I.13.

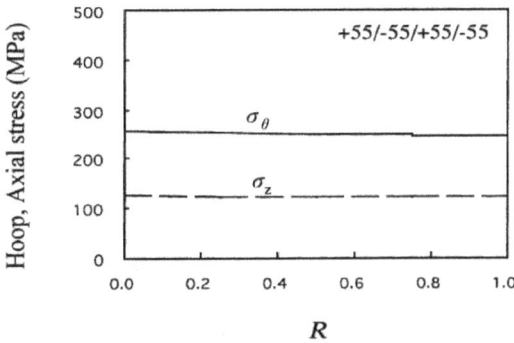

Figure I.12 : Variation des contraintes axiale et circonférentielle à travers l'épaisseur du tube composite [48].

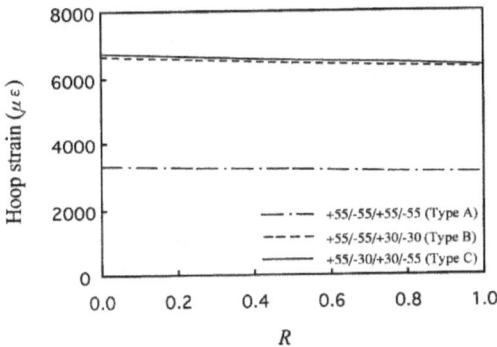

Figure I.13 : Variation de la déformation circonférentielle à travers l'épaisseur du tube composite [48].

Comme première approche, Chapelle [50] développe une analyse du comportement d'une partie cylindrique d'un réservoir composite enroulé sur un liner en aluminium, destiné au stockage d'hydrogène. Cette analyse est basée sur la théorie de l'élasticité. Dans ce travail, le modèle de comportement prend en considération le comportement élastoplastique du liner, ainsi que l'endommagement du composite. Ce travail présente un outil de dimensionnement pour la conception des réservoirs destinés au stockage d'hydrogène.

Sayman [52] reste dans le même cadre, il s'intéresse par contre à l'effet thermique sur les composites. Au cours de ce travail, Sayman [52] développe une analyse des contraintes hygrothermique qui prennent place dans les multi-couches minces ou épaisses des réservoirs composites pour les cas de chargement axialement symétrique de température uniforme ou parabolique. Une partie des résultats obtenus ont été comparés avec une analyse numérique effectuée sous ANSYS.

Le remplissage et soutirage des réservoirs composites enroulés sur des liners, induisent des fissures aux niveaux des liners. Ces fissures sont des issues potentielles pour l'hydrogène pouvant entraîner sa dissipation hors de l'enceinte de stockage. Afin de remédier à cette problématique, Nobuhiko [5] propose un modèle de stockage d'hydrogène hybride, qui est représenté par la figure I.14.

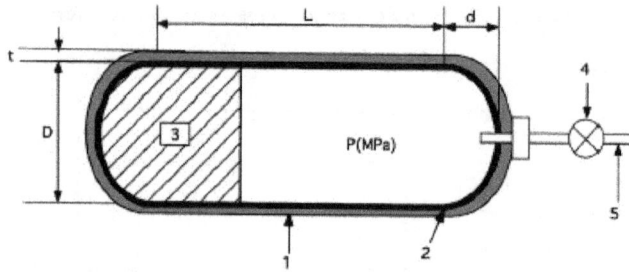

Figure I.14 : Modèle hybride d'un réservoir de stockage d'hydrogène (1 : carbone/époxy, 2 : liner mince en aluminium, 3 : alliage de stockage d'hydrogène 4 : valve, 5 : tube d'hydrogène.) [5].

Ce modèle combine un réservoir léger à haute pression et un alliage de stockage et il est destiné à stocker 5 Kg d'hydrogène. Dans ce modèle, le liner empêche la fuite de l'hydrogène et l'enroulement composite doit résister aux hautes pressions du gaz. Ce modèle de réservoir est prévu pour résoudre le problème technique de stockage d'hydrogène (le poids et le volume) par rapport à d'autres techniques qui utilisent l'hydrogène comprimé ou un alliage individuel de stockage d'hydrogène.

Comme conclusion du travail de Nobuhiko [5], il a été noté que :

❖ Le volume et le poids de cette solution hybride peuvent être conçus en fonction du volume de l'alliage qui permettra de stocker l'hydrogène, ainsi que l'espace disponible dans un véhicule.

❖ Le poids de la présente solution hybride est plus lourd que celle de la solution conventionnelle (liner/composite) avec un rapport de 4:1.

24

❖   Ce modèle de solution exige un mécanisme d'échange de chaleur afin de promouvoir la charge et la décharge de l'hydrogène pour la solution hybride.

Suites à ses recherches bibliographiques et ses conclusions, on peut dire que la solution qui fait l'objet de notre thèse, n'a pas été traitée, ce qui montre l'originalité de la structure de stockage traitée à travers ce travail.

1.4 Présentation de la solution hybride

L'objectif associé au stockage d'hydrogène sous forme gazeuse est de satisfaire au mieux les contraintes associées et en particulier de réussir à fabriquer des réservoirs sûrs et fiables. Dans ce contexte, s'insère le projet SOLHY, qui a pour ambition d'analyser et de développer une solution hybride de stockage d'hydrogène (figure I.15). Il s'agit ici de combiner deux voies, ou solutions technologiques, différentes en vue de profiter du potentiel de chacune d'entre elles et par couplage, d'en diminuer les inconvénients.

La solution hybride consiste à associer dans un même réservoir une enveloppe de cœur sous pression, contenant l'hydrogène utile et une enveloppe externe emprisonnant un intermétallique ayant pour fonctions d'une part la capture de l'hydrogène suite à la défaillance de l'enveloppe de cœur et donc de fuites, et d'autre part de permettre éventuellement la fermeture de la fissure.

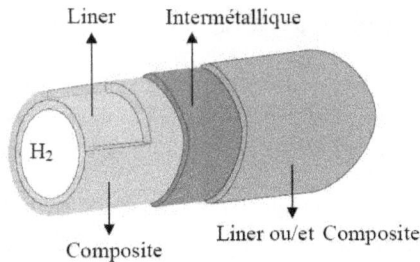

Figure I.15 : Représentation schématique de la solution retenue [10].

Comme première approche, la solution présentée par la figure I.15 sera simplifié, dans le cadre de notre travail, en une solution de trois constituants : liner, intermétallique et composite comme l'indique la figure I.16.

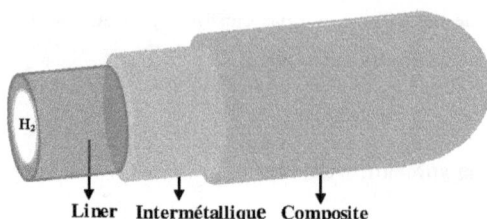

Figure I.16 : Solution hybride.

Notre choix de conception se veut pertinente parce que la couche absorbante intermétallique est directement placée au contact du liner. La structure travaillante étant peu déformable, en cas de gonflement de l'intermétallique, l'expansion de ce dernier, orientée principalement vers l'intérieur (le liner), devra permettre d'agir sur les microfissures. Notre travail vise à conforter ce principe de fonctionnement en analysant plus particulièrement le gonflement de l'intermétallique.

En fonctionnement normal, la solution de stockage du gaz comprimé est utilisée, mais en cas de défaillance de la partie liner, due principalement à la charge - décharge, l'hydrogène commence à fuir et pour lui barrer la route, on utilise un intermétallique, qui a la possibilité de stopper cette fuite par absorption. L'utilisation de la couche intermétallique vise à réduire les micros fuites.

La conception d'une solution de stockage d'hydrogène passe par la détermination des propriétés physiques et mécaniques des matériaux qui rentrent dans sa fabrication [53], [54].

Suite à cette description du rôle de chaqu'un des constituants de la solution proposée, le choix des matériaux, qui rentre dans la fabrication des trois composants est très important pour répondre au cahier des charges (légèreté et fiabilité notamment).

1.5 Optimisation des matériaux adaptés à la solution hybride

Le défi de la technique du stockage d'hydrogène est de comprendre l'interaction de l'hydrogène avec d'autres éléments et en particulier avec les métaux. La production, le stockage, et la conversion d'hydrogène a atteint un haut niveau technologique, bien que l'abondance des améliorations et les nouvelles découvertes soient encore possibles.

Zuttel [55] présente les enjeux et les difficultés qui apparaissent avec l'hydrogène, en termes de choix de matériau. Il aborde six méthodes de stockage et présente les concepts qui sont liés au niveau matériau à chaque procédé.

1.5.1 Propriétés enveloppe étanche « Liner »

Le choix du matériau de l'enveloppe étanche se base sur des critères précis, également adaptés à la solution hybride envisagée dans ce travail. Ces critères se résument en deux points principaux d'après [56] :

• La résistance à la corrosion due à l'hydrogène.

• Comportement en milieu hydrogène (perméabilité, solubilité et diffusivité).

1.5.1.1 Résistance à la corrosion

Dans certains milieux, les matériaux métalliques se rompent pour des contraintes inférieures à leur contrainte maximum. Ces comportements sont dus à différents phénomènes : corrosion intergranulaire, corrosion sous contrainte, fragilisation des matériaux et plus particulièrement en atmosphère hydrogène.

La problématique rencontrée dans ce genre d'application est la fragilisation du métal par l'hydrogène. Seul l'hydrogène sous sa forme atomique (H) est capable de diffuser à travers les métaux. Par action catalytique du métal, les molécules d'hydrogène gazeux H_2 adsorbées par la surface métallique se transforment en hydrogène atomique, qui va ensuite pénétrer le métal. Ceci a pour effet de perturber le réseau métallique, entraîner une chute de ses propriétés mécaniques et d'importantes détériorations du métal. On note principalement deux types de détériorations fréquemment engendrées par la présence d'hydrogène [57], [58], [59] :

• **La formation de cloques (Hydrogen Blistering)** : se produit en l'absence de contraintes. Ce qui entraînera une augmentation de la pression au sein de l'enveloppe étanche.

• **Fissuration sous contrainte (Hydrogen Induced Stress Cracking)** : L'hydrogène qui s'introduit sous forme atomique au sein de l'enveloppe étanche la fragilise, en rendant le mouvement des dislocations plus difficile, mais également en diminuant l'énergie de liaison inter-atomique. Ce qui entraîne une perte de ductilité et contribue à la propagation des fissures.

1.5.1.2 Comportement en milieu hydrogène

A partir du paragraphe précédent, on soulève plusieurs points qui vont permettre d'effectuer une distinction entre les nuances d'aciers 304 L et 316 L citées par [60] :

- **La perméabilité du matériau :** Le premier rôle du liner métallique dans le réservoir à hydrogène étant l'imperméabilité aux molécules d'hydrogène. La structure atomique nous permettra d'optimiser le choix du matériau du liner.

- **La solubilité de l'hydrogène :** La solubilité de l'hydrogène est un deuxième paramètre qui nous permet d'affiner notre sélection.

- **La diffusivité de l'hydrogène :** La diffusivité de l'hydrogène dans les matériaux est un autre critère de sélection.

Plusieurs matériaux ont été utilisés pour la fabrication du liner. Selon le projet SOLHY [10], l'alliage d'aluminium 6060 T6, représenté par le tableau I.1, pourra jouer un rôle important dans l'architecture envisagée pour le stockage de l'hydrogène. D'autre part, l'aluminium est couramment utilisé car il est léger, facile à mettre en œuvre et peu sensible aux phénomènes de fragilisation par l'hydrogène [61], [62], [63], [64].

Alliage	Si	Mg	Mn	Fe	Cr
6060 T6	0.39	0.430	0.007	0.188	0.002

Tableau I.1 : Composition chimique de l'alliage Aluminium 6060 [64].

Des essais de caractérisation ont été entrepris afin de déterminer les propriétés mécaniques des aluminiums. Rambaud [65] s'intéresse à la détermination du module d'Young de l'aluminium 6060T5, la loi de comportement du matériau est obtenue par un essai de traction sur une éprouvette. L'éprouvette est usinée dans une plaque de l'aluminium correspondant, deux jauges et un capteur de déformation sont ensuite placés sur cette dernière pour relever les déformations en fonction de la contrainte (figure I.17). C'est à partir de la courbe contrainte - déformation que nous déterminons le module d'Young. La figure indique clairement que l'aluminium 6060T5 est caractérisé par un comportement élastique jusqu'à atteindre le seuil plastique et après l'allure est régie par un écoulement plastique.

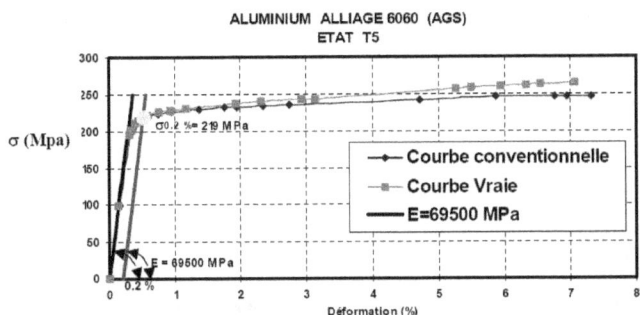

Figure I.17 : Essai de traction sur une éprouvette en aluminium 6060T5 [65].

1.5.2 Propriétés de l'intermétallique

Les intermétalliques sont des matériaux composés d'éléments métalliques qui absorbent et libèrent de l'hydrogène. Cette absorption résulte de la combinaison chimique réversible de l'hydrogène avec les atomes composant ces matériaux. L'intérêt de l'utilisation de l'intermétallique est de stocker des petites quantités d'hydrogène qui se dissipent à travers le liner, après les cycles de chargement déchargement du réservoir.

Les critères de sélection d'un hydrure métallique pour le stockage de l'hydrogène dépendent bien entendu de l'application envisagée : transports, objets portatifs…, (stationnaire ou fixe) et de son environnement (thermique et autres) [66]. Ces matériaux doivent surtout posséder : une cinétique d'absorption d'hydrogène rapide à température ambiante, une pression d'équilibre très faible, une importante augmentation volumique lors de l'hydruration, une ductilité importante, une inertie chimique lors de la polymérisation de la résine époxy du composite, effets d'impureté, stabilité cyclique, sûreté, coût de matières premières et facilité de fabrication.

Sandrock [67] présente un large portrait historique et critique sur les alliages solides destinés en stockage d'hydrogène, qui ont été développés. Il se focalise sur les familles des alliages qui stockeront réversiblement l'hydrogène aux températures de 0-1008 °C et à des pressions comprises entre 1 à 10 atm et s'étend à plusieurs applications. Pour la solution d'alliage solide, la métallurgie permet de la définir comme un élément primaire (le dissolvant) dans lequel un ou plusieurs éléments mineurs (corps dissous) sont dissous. À la différence du composé intermétallique, le corps dissous n'a pas besoin d'être présent à un rapport stœchiométrique de nombre entier ou proche du nombre entier avec le dissolvant et il est présent dans une distribution substitutionnelle ou interstitielle (désordonnée) aléatoire dans la structure en cristal de base. Plusieurs dissolvants sont utilisés pour ce type d'hydrure réversible, en particulier ceux basés sur les Pd, Ti, Zr, Nb : et V [67].

Le zirconium, métal à très faible section efficace de capture des neutrons thermiques, est le matériau pour application nucléaire par excellence. Sa principale application est le gainage des combustibles nucléaires du cœur des réacteurs à eau légère (eau pressurisée, eau bouillante) ou à eau lourde. Les remarquables propriétés de la couche passive de métaux Zr, leur confèrent une très grande résistance à la corrosion dans de nombreux milieux agressifs ; cette tenue à la corrosion est très supérieure à celle des aciers inoxydables et se rapproche de celle du tantale.

L'absorption d'hydrogène par les alliages Zr-Fe, a été étudiée pour des pressions de remplissage de gaz jusqu'à 1 bar. La spectroscopie de Mössbauer indique que $ZrFe_2$ n'absorbe pas l'hydrogène, tandis que les alliages avec un contenu plus élevé de zirconium absorbent l'hydrogène [68]. Parmi ces alliages figurent les alliages Zr_2Fe et le Zr_3Fe et semblent capables de répondre à nos objectifs [67]. Les domaines de stabilité de ces deux alliages sont représentés dans le diagramme de phases de la figure I.18.

Le choix du mode d'obtention de ces alliages doit être adapté à l'architecture de la solution de stockage décrite auparavant. Parmi ces choix, on cite, la préparation sous forme de rubans. Les rubans peuvent être préparés par « melt-spinning », qui est une technique de super trempe souvent utilisée pour préparer des alliages amorphes ou métastables.

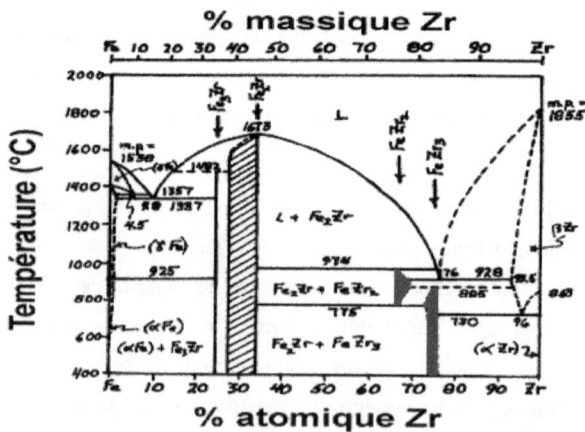

Figure I.18 : Diagramme de phases du système binaire Zr-Fe [69].

- **Alliage Zr_2Fe**

  o **Avantage :** Le travail de Junker [70] rapporte des propriétés très intéressantes pour l'alliage Zr_2Fe, notamment son excellente cinétique d'absorption à la température ambiante, sa très faible pression d'équilibre, sa bonne résistance à l'oxydation et son expansion volumique qui atteint 20% lors de l'absorption. L'élaboration de Zr_2Fe sous forme de rubans est d'un intérêt pratique évident car elle permet d'entourer facilement le réservoir cylindrique de stockage d'hydrogène. En utilisant cette technique, des rubans de Zr_2Fe d'une épaisseur de 25 μm ont été obtenus.

  o **Inconvénient :** L'hydrogénation du ruban de Zr_2Fe de structure cubique conduit à une phase quadratique très mal cristallisée. Cette phase quadratique semble être la même que celle obtenue à partir de Zr_2Fe quadratique par fusion classique. L'hydrogénation induit donc un changement structural, ce qui pourrait expliquer les cinétiques d'absorption plus lentes des rubans. Toutefois, sa préparation sous forme de rubans par trempe rapide reste délicate car cet intermétallique présente après traitement de recristalisation une structure cassante qui rend difficile sa mise en place sur la structure de géométrie cylindrique du réservoir par bobinage [10].

- **Alliage Zr_3Fe**

  o **Avantage :** L'intermétallique Zr_3Fe binaire a une homogénéité, qui varie de 24,0 à 26,8 de Fe en pourcentage [71]. Le Zr_3Fe présente une meilleure tenue mécanique et se met aisément sous forme de ruban [10].

  o **Inconvénient :** Cet intermétallique possède toutefois des propriétés thermodynamiques vis-à-vis de l'hydrogène, en absorption notamment, bien plus médiocres que celles obtenues pour Zr_2Fe.

Pour résoudre ces difficultés, l'Equipe Chimie Métallurgique des Terres Rares ICMPE-UMR7182-CNRS (Paris –France) a envisagé de préparer des composés biphasés contenant à la fois du Zr_2Fe et du Zr_3Fe en espérant conserver à la fois les propriétés d'hydrogénation, la résistance à l'oxydation du premier alliage et les performances en terme de tenue mécanique du second.

1.5.3 Propriétés de la structure travaillante « Composite »

Les contraintes mécaniques qui ne sont que peu ou pas du tout encaissées par l'enveloppe étanche sont transmises sur la structure travaillante en composite. Elle est donc chargée de supporter les pressions de plus en plus élevées auxquelles vont être soumises les réservoirs.

Parmi les matériaux les plus utilisés, dans la fabrication des enceintes sous pression, nous trouvons le couple verre/époxy et le couple carbone/époxy [72]. La fibre de carbone s'impose comme un des meilleurs choix d'aujourd'hui pour la réalisation de cette structure renforçante [45]. En effet, ce matériau « nouveau », dont le prix au kilogramme a beaucoup baissé, a vu ses qualités intrinsèques s'améliorer [73].

Le tableau I.2 permet de comprendre pourquoi la fibre de carbone est souvent retenue pour la confection des réservoirs.

Caractéristiques	Tissus avec des fibres verre	Tissus avec des fibres d'aramide	Tissus avec des fibres de carbone
Résistance à la traction	Très bonne	Très bonne	Très bonne
Résistance à la compression	Bonne	Faible	Bonne
Raideur	Faible	Grande	Très grande
Résistance à la fatigue statique	Faible	Bonne	Excellente
Résistance à la fatigue cyclique	Assez bonne	Bonne	Excellente
Densité	Assez faible	Très faible	Faible
Résistance aux produits chimiques	Faible	Bonne	Très bonne
Couts	Bon	Assez cher	Cher

Tableau I.2 : Comparaison entre fibres composites [73].

On sait que pour les composites, la nature des constituants, la proportion de ceux-ci et l'orientation des renforts ou fibres sont prépondérantes. D'après son cahier des charges, le concepteur en modifiant et modulant à volonté ces différents paramètres peut changer le comportement mécanique et physique de ce genre de matériau [74], [75], [76], [77]. L'angle d'enroulement φ des fibres doit être choisi tel que le composite supporte au mieux les sollicitations auxquelles il sera soumis en conditions réelles. Gurdal [78] et Olmedo [79] ont étudiés la réponse des composites stratifiés en fonction de l'angle d'enroulement des couches composites.

Wild [80] montre l'avantage de la variation de l'angle d'orientation des filaments d'une couche à une autre quel que soit le type de charge existant. D'après Vasiliev [19], généralement, dans la technologie de l'enroulement filamentaire des réservoirs sous pression, on utilise le stratifié $[\pm\varphi \mp 0]$. Les plis hélicoïdaux formes une géodésique bombé et la couche circonférentielle est ajoutée pour renforcer la partie cylindrique du réservoir. Dans cette technique de fabrication les deux plis adjacents $+\varphi$ et $-\varphi$, peuvent être considérés comme une seule unité orthotropique et les autres plis sont orientés à 90° [43].

Dans notre cadre d'étude, le choix de la disposition des fibres est dicté par le rapport de chargement axial et circonférentiel induit par la sollicitation. Dans la suite, nous nous attachons à retrouver la disposition de fibre (la séquence d'empilement) qui optimise la répartition des charges sur le composite pour un chargement de type pression interne avec effet de fond. Considérant les relations classiques de la théorie des enveloppes minces, une structure tubulaire sollicitée par une pression interne avec effet de fond, est soumise au champ de contraintes uniformes dans l'épaisseur suivant :

$$\begin{cases} \sigma_{\theta\theta} = \dfrac{pr}{e} \\[2mm] \sigma_{zz} = \dfrac{pr}{2e} \\[2mm] \sigma_{\theta z} = 0 \end{cases} \qquad (1)$$

D'où, un rapport de contraintes égale à :

$$\frac{\sigma_{\theta\theta}}{\sigma_{zz}} = 2 \qquad (2)$$

L'équation (3) fournit la relation liant les contraintes exprimées dans le repère cylindrique (z, θ, r) à celle exprimé dans le repère fibre $(x, y$ et $z)$:

$$
\begin{Bmatrix} \sigma_{zz} \\ \sigma_{\theta\theta} \\ \sigma_{rr} \\ 0 \\ 0 \\ \sigma_{z\theta} \end{Bmatrix}^{(k)} = \begin{bmatrix} cos^2\varphi & sin^2\varphi & 0 & 0 & 0 & sin\varphi cos\varphi \\ sin^2\varphi & cos^2\varphi & 0 & 0 & 0 & -sin\varphi cos\varphi \\ 0 & 0 & 1 & 0 & 0 & 0 \\ 0 & 0 & 0 & cos\varphi & -sin\varphi & 0 \\ 0 & 0 & 0 & sin\varphi & cos\varphi & 0 \\ -2sin\varphi cos\varphi & 2sin\varphi cos\varphi & 0 & 0 & 0 & cos^2\varphi - sin^2\varphi \end{bmatrix}^{(k)} \begin{Bmatrix} \sigma_z \\ \sigma_y \\ \sigma_x \\ 0 \\ 0 \\ 0 \end{Bmatrix}^{(k)} \quad (3)
$$

L'idée suivante consiste à supposer que seules les fibres supportent la sollicitation dans leur direction longitudinale (z), soit donc :

$$
\sigma_x = \sigma_y = 0 \quad (4)
$$

De fait, chaque pli renforcé en $\pm\varphi$ est sollicité en compression membranaire comme l'indique la figure I.19.

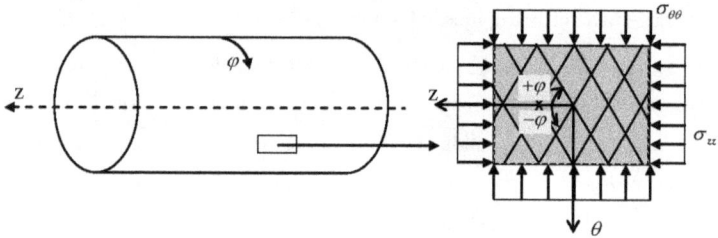

Figure I.19 : Portion de coque – sollicitations.

D'où l'on tire :

$$
\sigma_{zz} = \sigma_z cos^2\varphi \quad \text{et} \quad \sigma_{\theta\theta} = \sigma_z sin^2\varphi \quad (5)
$$

On en déduit alors, d'après la valeur du rapport de contrainte :

$$
tan^2\varphi = 2 \quad (6)
$$

Ce qui conduit à :

$$
\varphi \approx 55° \quad (7)
$$

Diverses études expérimentales et numériques ont confirmé que ce mode d'empilement orthotrope en [± 55°] permettait de maximiser la résistance statique de cylindres composites soumis à une pression interne ou externe [42], [81], [82] et [83].

On note que ce choix d'empilement de couches et d'orientation des fibres n'inclus pas la présence du liner métallique et de l'intermétallique dans la structure composite. Cette remarque est prise en compte par [84] lors de son travail, qui se focalise sur la détermination du gap et de la pression d'éclatement en fonction de l'angle d'enroulement pour un réservoir de type III.

1.6 Conclusion

Ce premier chapitre a permis de faire un état de l'art sur le sujet présenté dans ce travail. On a évoqué les modes existants de stockage de l'hydrogène, le choix de matériaux adaptés à ce stockage, des solutions diverses et variées répondant à la fonction de stockage de l'hydrogène ont été exposées et enfin différents travaux menés dans le stockage des produits gazeux ont été présentés.

Ainsi, on présente une solution qui n'a pas encore été beaucoup explorée jusqu'à ce jour. Il s'agit de l'association de trois enveloppes. La première enveloppe de cœur sous pression, contenant l'hydrogène utile (enveloppe étanche). La deuxième, qui est l'intermétallique dont la fonction principale est de permettre, en cas de défaillance de la première enveloppe, la capture d'hydrogène et l'abaissement des pressions supportées par la partie externe du réservoir. La troisième et dernière enveloppe est la structure « travaillante » qui est obtenue par enroulement filamentaire.

Ce travail consiste à la détermination de l'effet de gonflement de l'intermétallique en cas de fuite sur le liner et le composite. Cette analyse passe par le développement d'un modèle analytique, qui prend en compte les trois constituants de la solution hybride. Ce modèle qui se base sur la théorie de l'élasticité, sera un outil indispensable pour la conception de la solution hybride. Le choix de cette théorie est dû à l'importance des contraintes radiales, développées à travers l'épaisseur de la structure de stockage.

La modélisation analytique de la solution hybride s'appuie sur une analyse expérimentale menée sur des éprouvettes, dont la forme est proche d'un réservoir de type III d'un coté et sur une approche numérique menée sous ANSYS11 de l'autre. Le premier appui fait l'objet de la première partie du deuxième chapitre, où les différentes techniques expérimentales utilisées pour aboutir à des résultats en termes de contraintes et déformations sont présentées. Cette première partie, nous permettra de valider le modèle analytique et de l'étendre à la solution hybride, qui fait l'objet du dernier chapitre.

La deuxième partie du chapitre II se focalise sur la caractérisation dimensionnelle et mécanique des échantillons de rubans en Zr_3Fe, $Zr_{2.8}Fe$ et $Zr_{2.4}Fe$ fournit par l'Equipe Chimie Métallurgique des Terres Rares ICMPE-UMR7182-CNRS (Paris –France).

2.1 Introduction

Ce chapitre fait l'objet de deux volets expérimentaux. Le premier volet se focalise sur une analyse expérimentale menée sur des éprouvettes, dont la forme est proche d'un réservoir de type III. Cette analyse est le premier appui du modèle analytique de la solution hybride. Durant cette analyse, les différentes techniques expérimentales utilisées pour aboutir à des résultats en termes de contraintes et déformations sont présentées. L'objectif principal de cette démarche expérimentale est de permettre d'apprécier la bonne fiabilité du modèle analytique, qui sera présenté au cours du chapitre III et de permettre de l'étendre à la solution hybride.

Les travaux de recherches menés par l'Equipe Chimie Métallurgique des Terres Rares ICMPE-UMR7182-CNRS (Paris –France) se sont focalisés sur la préparation des composés biphasés contenant à la fois du Zr_2Fe et du Zr_3Fe en espérant conserver à la fois les propriétés d'hydrogénation, la résistance à l'oxydation du premier alliage et les performances en termes de tenue mécanique du second. On rappelle que les avantages et les inconvénients du Zr_2Fe et du Zr_3Fe ont été abordés au cours du chapitre I. La collaboration avec le LCMTR de Thiais nous a permis d'obtenir des échantillons de rubans ZrFe de différentes compositions : Zr_3Fe, $Zr_{2.8}Fe$ et $Zr_{2.4}Fe$, dans le but d'effectuer une campagne d'essais de traction sur les rubans intermétalliques fournis et dont l'objet est de déterminer les propriétés mécaniques des rubans obtenus par melt-spinning. Cette compagne fait l'objet du deuxième volet de ce chapitre.

2.2 Analyse expérimentale de la solution de type III

2.2.1 Présentation de l'éprouvette

Le réservoir testé, est constitué d'une partie cylindrique « liner » (figure II.1) fermée à ces deux extrémités par deux dômes (figure II.2) donnant à l'ensemble une géométrie proche d'un réservoir. Le guidage linéaire des dômes est assuré par un tube cylindrique comme le montre la figure II.3. Ce tube de guidage permet de garantir le positionnement axial des cônes pendant la mise en œuvre de l'enroulement filamentaire. Les cônes assurent le transfert de charge au liner aluminium ainsi qu'au composite. Ces éléments sont rassemblés sur la figure II.4.

Figure II.1 : Liner en aluminium.

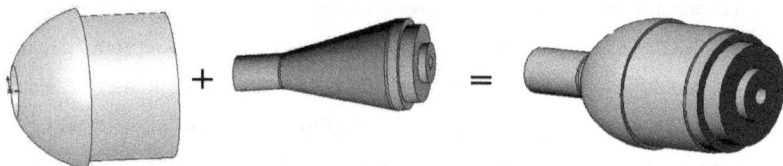

Figure II.2 : Parties du dôme du réservoir.

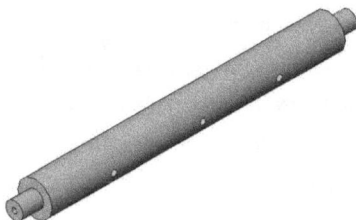

Figure II.3 : Tube de guidage linéaire.

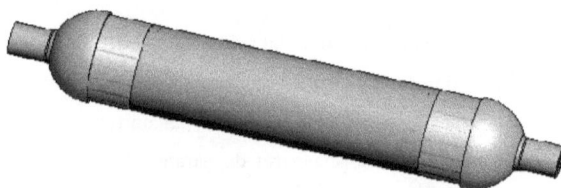

Figure II.4 : Présentation de la structure du réservoir étudié.

Les perçages situés le long du tube de guidage, comme l'indique la figure II.5, permettront d'assurer la circulation de l'huile et donc la mise en pression du volume intérieur. Les deux bords serviront pour l'alimentation en pression d'huile et pour son remplissage.

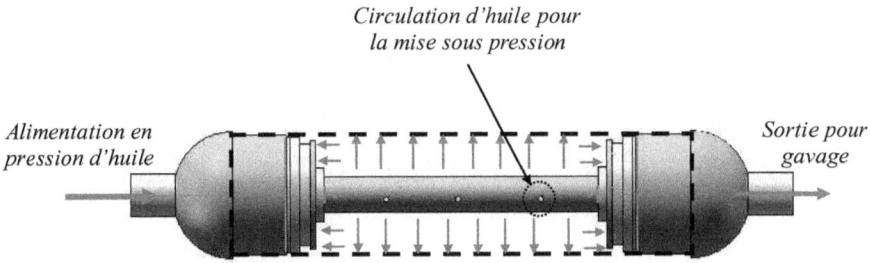

Figure II.5 : Montage dômes et tube de guidage linéaire.

L'étanchéité du montage est assurée par des joints d'étanchéité BalSeal®. Les caractéristiques de ces joints sont fournies dans le tableau II.1. Le positionnement de ces joints est illustré par la figure II.6.

Propriétés	Description
Service	Statique
Pression (bar)	1000 – 1300
Température (°C)	20 - 50
Type de média	Fluide hydraulique

Tableau II.1 : Propriétés des joints d'étanchéités.

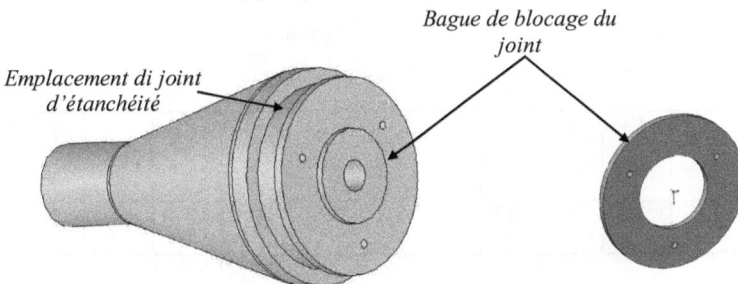

Figure II.6 : Emplacement du joint d'étanchéité.

2.2.2 Matériaux

2.2.2.1 Liner

Le liner étudié est un tube en aluminium 6060 ayant subi un traitement thermique, de diamètre 60 mm, d'épaisseur 2 mm et de longueur environ 300 mm. Les propriétés mécaniques de cet alliage sont présentées dans le tableau II.2.

	E^L [GPa]	ν^L	σ_0 [MPa]	σ_r [MPa]	α (10^{-5} °C^{-1})	η [MPa]	δ
Al	72	0.25	200	250	2	310	0.09

Tableau II.2 : Propriétés du liner métallique.

Avec,

E^L, ν^L et G^L sont respectivement le module d'Young, coefficient de Poisson et le module de cisaillement du liner métallique. α est le coefficient de dilatation thermique. σ_0, σ_r sont les limites élastique et à la rupture du liner métallique. η et δ sont deux paramètres qui définissent le comportement plastique du liner en aluminium.

2.2.2.2 Matériau composite

Le liner en aluminium est recouvert par un toron de fibres de carbone préimprégné. On sait que pour les composites, la nature des constituants, leur proportion et l'orientation des fibres sont prépondérantes. Un changement de l'un de ces paramètres peut affecter totalement le comportement mécanique et physique de ce genre de matériau. Les fibres de carbones utilisées sont de type T700 SC12K 50C imprégnées par de la résine époxy de type M10 (désignation fabricant Hexcel) avec un taux de 30%. La fibre composite est caractérisée par une largeur de 2.7 mm et 0.27 mm d'épaisseur. Le tableau II.3 présente les caractéristiques du matériau composite après polymérisation.

	E_x [GPa]	E_y [GPa]	G_{xy} [GPa]	ν_{yx}	α_L (10^{-5} °C^{-1})	α_T (10^{-5} °C^{-1})	σ_{xU} [MPa]	σ'_{xU} [MPa]	σ_{yU} [MPa]	σ'_{yU} [MPa]	σ_{xyU} [MPa]
C/E	151	11	4	0,3	-0.065	2.7	1500	1500	50	250	70

Tableau II.3 : Propriétés du composite.

Avec :

E_x, E_y modules longitudinale et transversale respectivement ; G_{xy} module de cisaillement ; ν_{yx} coefficient de Poisson dans le plan x-y. α_L et α_T sont les coefficients de dilatation thermique longitudinale et transversale respectivement.

σ_{xU}, σ_{yU} contraintes de traction et de compression à la rupture dans la direction longitudinale des fibres respectivement. σ'_{xU}, σ'_{yU} contraintes de traction et de compression à la rupture dans la direction transversale des fibres respectivement. σ_{yxU} contrainte à la rupture en cisaillement dans le plan de la fibre.

2.2.3 Procédé de fabrication

2.2.3.1 Description de la machine d'enroulement filamentaire

Les éprouvettes sont élaborées au Laboratoire de Mécanique Appliquée R. Chaléat. Le laboratoire dispose d'une machine d'enroulement filamentaire permettant la fabrication de plusieurs structures composites, assurant ainsi le contrôle des différents paramètres de fabrication. Cette machine d'enroulement filamentaire représentée dans la figure II.7 a été développée au LMARC au cours de plusieurs projets étudiants dont celui de Rousseau [42]. Cette machine comprend deux parties distinctes : une partie mécanique pour l'enroulement proprement dit et une partie informatique pour le pilotage.

Partie informatique de pilotage

Poupée mobile

Plaque chauffante

Oeil de distribution

Mandrin

Poupée fixe

Figure II.7 : Vue générale de la machine d'enroulement filamentaire.

Lors de l'enroulement des fibres composites préimprégnées, des plaques chauffantes en céramiques permettent de fluidifier la résine permettant ainsi une meilleure répartition. Ces plaques sont maintenues à une température de 50 °C.

La machine dispose de quatre axes de déplacements pilotés (figure II.8) : une rotation du mandrin et trois déplacements de l'œil de distribution : X, Y et Z. A chaque axe commandé est associé un moteur à courant continu. La transmission de mouvement aux axes de déplacements linéaires X, Y et Z s'effectue par l'intermédiaire de courroies et de poulies. Le guidage en translation est assuré par des glissières sans jeu à roulements métalliques. Le mandrin est placé entre deux pointes tournantes, l'une située sur une poupée fixe, liée au moteur de l'axe W, l'autre sur une poupée mobile. Cette dernière est montée sur une glissière de façon à s'adapter à différentes longueurs de pièce. Deux plots sur la poupée fixe permettent d'entraîner le mandrin en rotation. L'amplitude des déplacements est de 100 mm pour les axes Y et Z et de 1200 mm pour l'axe X.

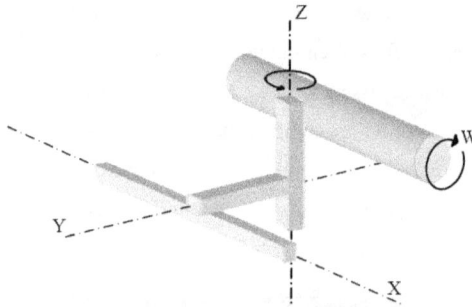

Figure II.8 : Orientation des axes de la machine [40].

L'œil de distribution présenté par la figure II.9, possède également un degré de liberté supplémentaire mais non piloté (rotation autour de l'axe Z).

Le compensateur de tension (Figure II.10) permet de maintenir une tension du fil quasi constante. Celui–ci est fixé sur un bâti de façon à ce que le fil se trouve à la hauteur de l'axe de rotation du mandrin. La tension est fixée à 40 N, valeur recommandée par le fabriquant du préimprégné.

Centrage horizontal
du fil

Fil venant du
compensateur
de tension

Œil de
distribution

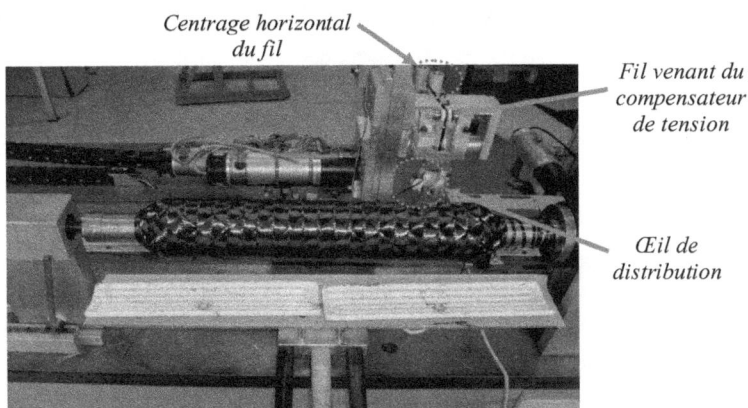

Figure II.9 : Oeil de distribution.

Barres en ciseaux

Bobine composite

Vers la machine

Figure II.10 : Compensateur de tension.

Le logiciel de commande de la machine d'enroulement filamentaire est basé sur des paramètres d'entrée ou de fabrication. Ces paramètres se résument de la façon suivante :

> ➢ Le type d'enroulement (stratifié ou croisé).

> ➢ L'angle d'enroulement (de 20° à 89°) et le nombre de couches.

> ➢ La géométrie du mandrin (cylindre ou réservoir).

> ➢ Les dimensions du mandrin et de la fibre.

> ➢ Le choix du paramètre ajustable (épaisseur ou angle d'enroulement).

> ➢ Le motif d'enroulement.

Actuellement, cette machine permet d'obtenir des tubes stratifiés ou croisés de sections circulaires ou carrées mais également des tubes fermés (réservoirs). La figure II.11 ci-dessous présente ces différentes géométries. La taille maximale des pièces réalisables est d'environ 120 mm de diamètre pour une longueur de 1 m. Le langage de programmation de l'interface est le Delphi (programmation objet).

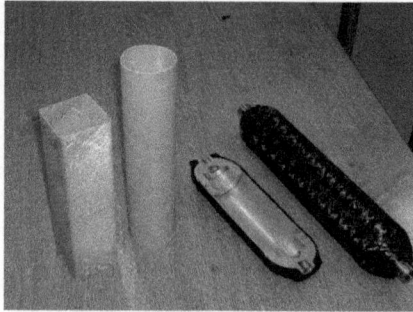

Figure II.11 : Différentes géométries réalisées dans le LMARC.

2.2.3.2 Protocole de cuisson

Une fois l'enroulement filamentaire terminé, la cuisson du composite permet de lui donner ses propriétés mécaniques finales. La méthode usuelle consiste à utiliser un autoclave de façon à cuire le composite sous pression afin d'augmenter les propriétés finales et diminuer les porosités de la pièce. Le LMARC ne disposant pas de ce type d'équipement, la structure à cuire est recouverte d'un tissu d'arrachage et d'un tissu thermo rétractable, comme l'indique la figure II.12.

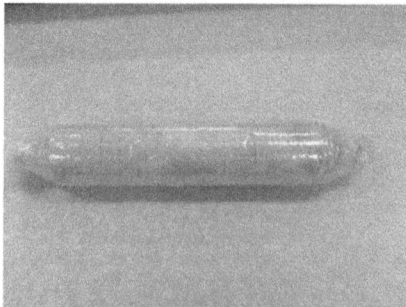

Figure II.12 : Recouvrement de l'éprouvette.

44

Le tissu d'arrachage permet de protéger le tube avant son utilisation et de donner un bon état de surface finale.

Le ruban thermo-rétractable permet de comprimer fortement le réservoir durant la phase de polymérisation. Enfin, le réservoir est positionné à l'intérieur du sac, entouré par un feutre, qui permet la propagation du vide (figure II.13). Le sac à vide est constitué d'une bâche étanche fermée des deux cotés à l'aide de mastic.

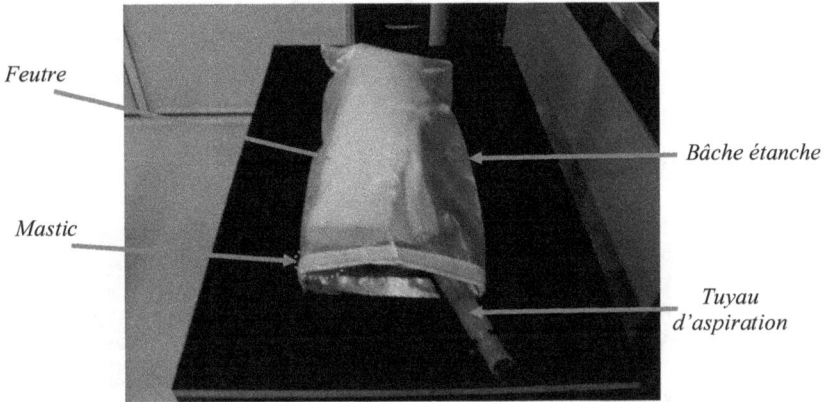

Figure II.13 : Réservoir dans le sac à vide.

La finalisation de l'opération passe par la phase de polymérisation. En effet, la résine contenue dans le préimprégné doit être polymériser afin de procurer au composite ses propriétés mécaniques. Le cycle de polymérisation fourni par le fabricant est représenté par la figure II.14. Le cycle de cuisson est caractérisé par un maintien en température de 3 heures à 80 °C puis 2 heures à 120 °C, conformément aux recommandations du fabricant. Afin de diminuer les contraintes résiduelles d'origines thermiques internes, le refroidissement se fait à l'intérieur du four.

Les moyens de cuisson représentés en figure II.15 sont utilisés pour assurer la polymérisation des structures composites, le four peut atteindre une température de 300 °C. Le vide est assuré par une pompe à vide, permettant d'obtenir entre 1 et 2. 10^{-1} bars.

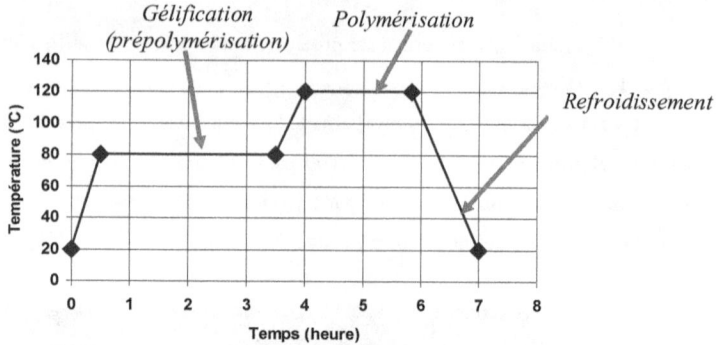

Figure II.14 : Cycle de polymérisation de la résine M10.

Figure II.15 : Moyens de cuisson.

2.2.4 Moyens Expérimentaux

2.2.4.1 Techniques des mesures de déformations

Pour la mesure des déformations, nous utilisons les moyens extensométriques classiques (jauges de déformations, extensomètres). Les jauges sont préférentiellement utilisées dans les essais où la pression est la sollicitation dominante. Le mode de rupture est alors brutal et génère un effet de souffle capable de projeter l'extensomètre et donc de l'endommager ou de le détruire. Les jauges utilisées sont des jauges de déformations Vishay de référence EP-08-250BG-120 d'une capacité de déformation de l'ordre de 20%. Il existe deux types de jauges, soit des rosettes à 0° et 90°, soit des jauges simples positionnées par deux à 0° et 90° au milieu de la section cylindrique (Figure II.16). Ce positionnement permettra de mesurer la déformation axiale (0°) et la déformation circonférentielle (90°).

Rosettes 0°/90°   Jauges en 0° et 90°

Figure II.16 : Représentation des jauges de déformation.

Le marquage des tubes se fait à partir d'un montage spécifique et l'utilisation d'un faisceau laser permettant de placer la jauge dans l'axe du tube (figure II.17). Une fois en place et la colle répartie sous sa surface, une légère pression doit être exercée pour chasser l'air et l'excédent de colle.

Pointeurs lasers   *Zone de collage*

Supports de fixation   *Réservoir*

Figure II.17 : Montage des jauges de mesure de déformation

Le réglage des jauges s'effectue en fonction du pourcentage de déformation maximale souhaitée ε_{max} en pleine échelle. Le calcul du gain G se fait à l'aide de la relation suivante où f_i et V_{max} sont respectivement le facteur de jauge et la tension d'étalonnage :

$$\begin{cases} g = \dfrac{f_i * \varepsilon_{max} * V_{max}}{4} \\ G = \dfrac{10}{g} \end{cases}$$

2.2.4.2 Description de la mise en œuvre de l'essai de pression interne avec effet de fond

Dans notre situation, un montage a été mis en place, comme l'indique la figure II.18. Ce montage est spécifique à des essais de type pression interne avec effet de fond. Le système de traverses bloque les déplacements trop importants en cas de rupture et d'éclatement. Celles-ci sont bridées sur la platine par l'intermédiaire d'écrous et de tiges filetées. L'éprouvette est reliée à un système hydraulique pour la mise en chargement.

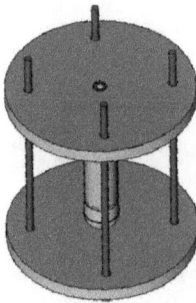

Figure II.18 : Montage expérimental.

2.2.5 Présentation de la démarche expérimentale

La démarche expérimentale s'est limitée à cinq structures de réservoirs cylindriques selon les objectifs exprimés au cours de l'introduction de ce chapitre. Ces réservoirs sont caractérisés par des séquences d'empilements qui figurent dans le tableau II.4.

Un angle optimum à 55 ° a été déterminé au cours du premier chapitre pour une structure cylindrique composite soumise à un chargement de pression interne avec effet de fond. On essaye à travers ce travail à étudier un intervalle d'angle d'enroulement entoure de l'angle 55° avec un pas de ± 5°. La présence des enroulements à 90° permettra de vérifier l'effet de cette présence sur l'expansion de la structure dans la direction circonférentielle. On note que les couches circonférentielles ne concernent que la partie cylindrique pour des questions de mise en œuvre du procédé d'enroulement filamentaire.

Référence séquence	Séquence d'enroulement
Seq1	$[\pm 50]_3$
Seq2	$[\pm 50]_2 + [0]_2$
Seq3	$[\pm 60]_3$
Seq4	$[\pm 60]_2 + [0]_2$
Seq5	$[\pm 55]_3$

Tableau II.4 : Séquences d'enroulements.

Un essai de mise sous pression hydraulique s'effectue suivant les trois étapes suivantes :

➤ Au départ de l'essai, le réservoir est rempli d'huile et n'est soumis à aucune pression. Cette étape permet de vérifier l'étanchéité du circuit d'alimentation en huile, par une pression pouvant atteindre 40 bars.

➤ Les cinq éprouvettes ont été soumises à la procédure de frettage (200 bars) afin de fermer le 'gap' pouvant apparaître entre le liner et le composite après la polymérisation. Cette opération consiste à déformer le liner afin de venir le plaquer contre la coque composite. Lors du retour à la pression atmosphérique, le composite doit alors comprimer le liner déformé plastiquement.

➤ Après l'opération de frettage, les éprouvettes ont étés soumises à un chargement progressif de pression. Le tableau II.5 rappelle les différentes étapes de ce chargement.

Eprouvettes	Essais de chargement (bars)				
	100	200	300	400	800
Seq1	●	●	●	●	◆
Seq2	●	●	●	◆	◆
Seq3	●	●	●	●	◆
Seq4	●	●	●	◆	◆
Seq5	◆	◆	◆	◆	●

● Effectué   ◆ Non effectué

Tableau II.5 : Essais de chargement des éprouvettes.

2.2.6 Acquisition et traitement des données

L'acquisition des données se fait via des jauges de déformation, qui sont collées au milieu de la partie cylindrique de l'éprouvette. L'élément de coque représenté par la figure II.19 est sollicité en traction à titre d'exemple, ce qui permet de montrer l'influence du mouvement des fibres due à cette sollicitation sur les jauges positionnées sur le réservoir. Les jauges sont reliées à un conditionneur de jauge lui-même relié à une carte d'acquisition sur le PC. De cette façon, les résultats acquis par les jauges sont directement sauvegardés par le PC. qui permet de traiter les données obtenues. La commande est assurée par un générateur. L'éprouvette est mise dans une enceinte permettant de voir l'essai en toute sécurité (figure II.20).

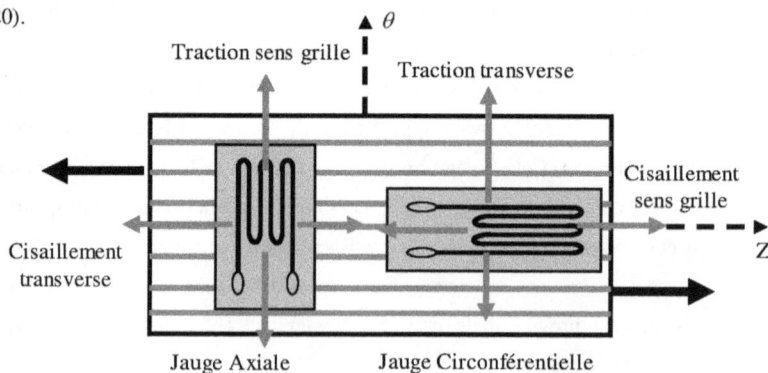

Figure II.19 : Directions de sollicitations dues au mouvement des fibres sur une couche circonférentielle.

Figure II.20 : Banc d'essai et d'acquisition et traitement de données.

2.2.7 Difficultés rencontrées

Lors de ce travail expérimental, nous avons rencontré plusieurs contraintes qui ont limitées le déroulement et le développement du champ de notre analyse. La spécifité de la géométrie de l'éprouvette, i.e. l'assemblage de plusieurs parties, influe directement sur les résultats. Une deuxième difficulté rencontrée est l'emplacement des jauges de mesure de déformations à la surface de l'éprouvette, sur la dernière couche composite. Ce positionnement limite considérablement l'interprétation et la comparaison aux données issues de la simulation. En termes de moyen, l'indisponibilité des joints d'étanchéité a limitée le champ de réalisation des essais à hautes pressions. De plus, le démontage des éprouvettes après chaque essai, afin de récupérer les parties dômes, est particulièrement coûteux en termes de temps et d'énergie.

2.2.8 Présentation des résultats expérimentaux

Dans ce qui suit, on analyse les résultats expérimentaux du montage liner / composite. On note qu'un essai expérimental est consommateur en termes de temps et d'efforts, entre le montage, la fabrication, la cuisson, l'instrumentation, la mise en place jusqu'à l'essai de chargement et enfin, l'opération de démontage de l'ensemble pour récupérer les deux dômes.

2.2.8.1 Analyse de la démarche de frettage du réservoir

Après avoir polymérisé la résine et assuré une liaison parfaite fibre - résine, la solution de stockage est soumise à un frettage ou timbrage pour redistribuer les contraintes dans l'aluminium et dans l'enveloppe composite. Le frettage est un processus de pressurisation à une fois et demi la pression de service [85, 86]. A ce niveau d'effort, la limite élastique de l'aluminium est dépassée, c'est-à-dire que l'aluminium subit une déformation plastique. Après ce processus, la pression est ramenée à zéro, l'aluminium est dans un état de compression et le composite est dans un état de traction. Dans le cas présent, l'essai de frettage est limité à une pression de 200 bars, identique pour les cinq séquences.

Quelle que soit la séquence d'enroulement, l'allure générale des courbes contraintes circonférentielles, déformations circonférentielles ou axiales est identique. Les mesures des déformations (axiales et circonférentielles) à la surface des éprouvettes indiquent, qu'en début du chargement, le composite est sollicité en traction : on observe une déformation axiale positive et un rétrécissement circonférentielle. Ce constat confirme la présence d'un gap entre le composite et le liner. La montée en pression et la déformation du liner qui s'en suit permet une mise en contact avec le composite ainsi qu'une transmission des sollicitations. Après cette étape, l'évolution de la contrainte circonférentielle en fonction de la déformation est linéaire et cohérent avec le comportement élastique du composite. La faible perte de rigidité se justifie par l'endommagement du composite mais plus encore par la plastification du liner.

Pour la séquence $[\pm 50]_3$, on remarque (figure II.21), qu'une perte de rigidité est enregistrée à partir de 169 bars.

Les figures II.22 et II.23 représentent l'opération de frettage pour les enroulements $[\pm 60]_3$, $[\pm 60]_2 + [0]_2$. On note que l'acquisition des données au cours de l'essai $[\pm 50]_2 + [0]_2$, ne nous a pas permis d'avoir un nombre de points de mesure suffisants pour une meilleure représentation.

52

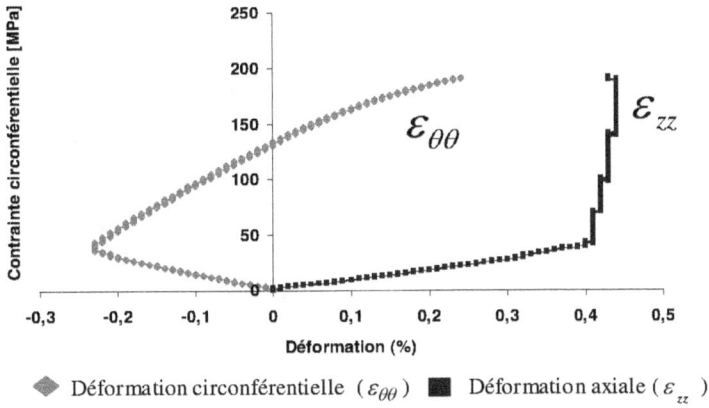

Figure II.21 : Courbes contraintes-déformations sur la séquence Seq1, lors du frettage à 200 bars.

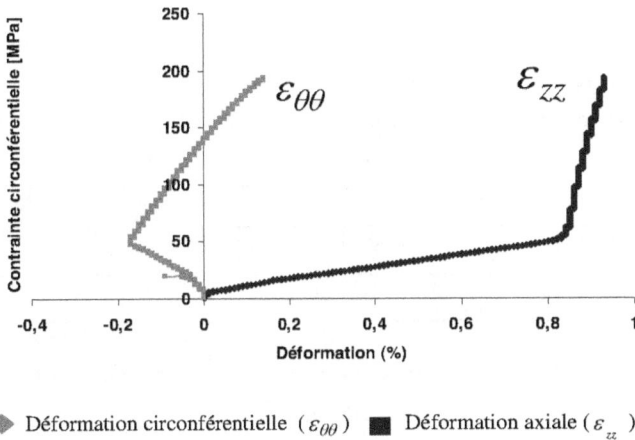

Figure II.22 : Courbes contraintes-déformations sur la séquence Seq3, lors du frettage à 200 bars.

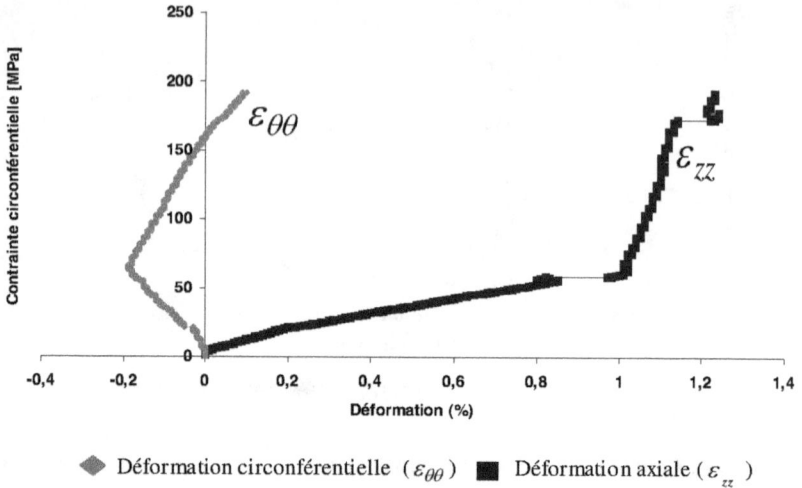

Déformation circonférentielle ($\varepsilon_{\theta\theta}$)   ■ Déformation axiale (ε_{zz})

Figure II.23 : Courbes contraintes-déformations sur la séquence Seq4, lors du frettage à 200 bars.

Selon le tableau II.6, on remarque que la présence des couches circonférentielles permis d'alléger le réservoir enroulé par la Seq4 par rapport à la Seq3, cela dans la direction circonférentielle et transmette le chargement dans la direction axiale qui est plus sollicitée.

Séquences d'empilements	Déformation axiale (%)	Déformation circonférentielle (%)
Seq3 : $[\pm 60]_3$	0.93	0.14
Seq4 : $[\pm 60]_2 + [0]_2$	1.23	0.1

Tableau II.6 : Déformations maximales enregistrées à la fin des essais de frettage à 200 bars.

A la suite du frettage, l'aluminium est dans un état de compression et le composite est en traction. La limite élastique du liner d'aluminium a été modifiée, lors du processus de frettage, du fait de la plastification. Cette remarque suggère la prise en compte d'un chargement incrémentale et l'ajustement de la matrice de rigidité du liner après chaque plastification au cours de l'élaboration du modèle de comportement.

54

2.2.8.2 Analyse d'un essai de ruine

Les réservoirs de type III « Liner/composite » sont destinés au stockage de l'hydrogène à 700 bars. Pour cela un essai de ruine a été effectué sur une éprouvette enroulé à $\pm 55\frac{}{_{-3}}$, pour laquelle le liner avait déjà été plastifié avant l'enroulement. La rupture de la structure composite est constatée pour une pression de 718 bars. La figure II.24 montre l'éprouvette avant et après éclatement.

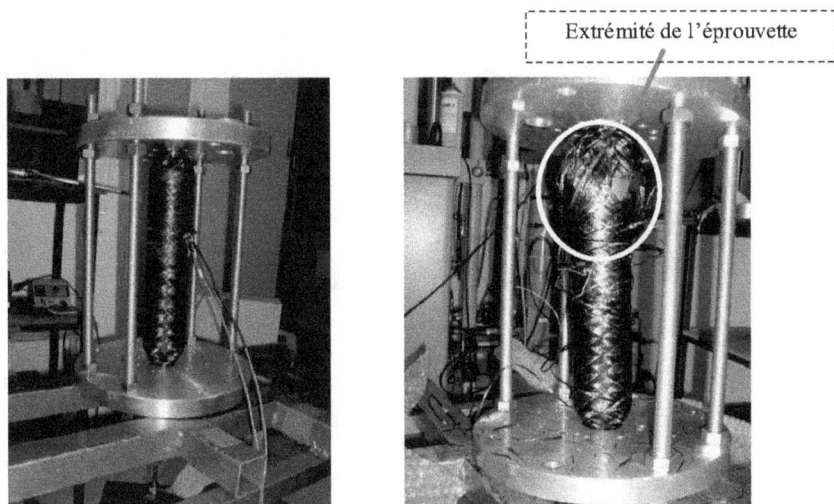

Extrémité de l'éprouvette

Figure II.24 : Réservoir avant après éclatement.

D'après la figure II.24 après éclatement, on constate que la ruine s'est induite à l'extrémité de l'éprouvette, ce qui permet de préconiser que la pression d'éclatement est au dessus de 718 bars. Le renforcement de nos éprouvettes par plusieurs couches permettra d'atteindre la pression d'épreuve de ce genre de réservoir de stockage des gaz qui est de l'ordre de 1750 bars, avec un coefficient de sécurité de 2,5 [85-89], ainsi que pour l'hydrogène [90].

Ces remarques suggèrent que le modèle analytique doit estimer le nombre de couches nécessaire pour atteindre cette pression d'épreuve selon : l'angle d'enroulement et la séquence d'empilement de l'enroulement composite.

Les courbes déformations-contrainte (figure II.25) montre clairement qu'à partir de 300 MPa, le composite connaît une perte de rigidité, due à l'endommagement et à la visco-plasticité, jusqu'à la ruine du composite.

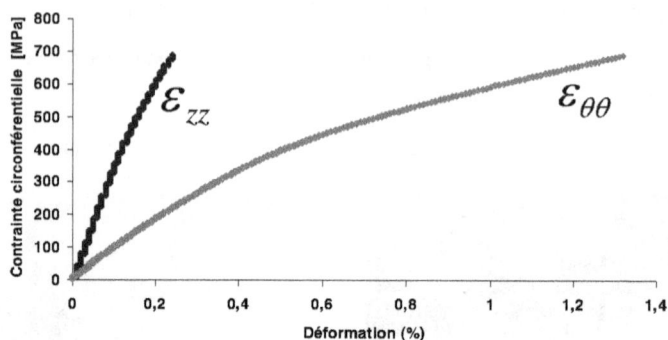

Figure II.25 : Evolution de la contrainte en fonction des déformations pour un chargement de 800 bars « ±55⁻₃ ».

Le tableau II.7 présente un récapitulatif des résultats expérimentaux de l'essai d'éclatement de la séquence ±55⁻₃.

Séquence	$\sigma^r_{\theta\theta}$ [MPa]	$\varepsilon^r_{\theta\theta}$ (%)	ε^r_{zz} (%)
±55⁻₃	690.30	1.74	0.29

Tableau II.7 : Données à rupture sur la séquence ±55⁻₃ pour un chargement en pression de 800 bars.

A la suite de ces résultats signifiant en termes de stockage d'hydrogène, on peut maintenant se pencher sur le comportement mécanique des éprouvettes liner/composite, afin de récolter le maximum de remarques et de résultats qui peuvent être utile dans l'élaboration, le développement et la validation du modèle analytique.

2.2.8.3 Analyse des résultats expérimentaux de chargement

Afin de simplifier et de ne pas condenser cette partie d'analyse, on se limite à interpréter le comportement des séquences Seq2 et Seq3.

> **Analyse de la Seq3**

Comme le montrent les figures II.26, II.27 et II.28, le composite subit à nouveau un chargement axial, en début d'essai jusqu'à ce que la contrainte circonférentielle atteigne près de 50 MPa. A ce stade, deux explications sont envisageables : une plastification insuffisante du liner ou un défaut inhérent au montage qui ne permet pas un chargement en pression avec effet de fond pour de faibles pressions.

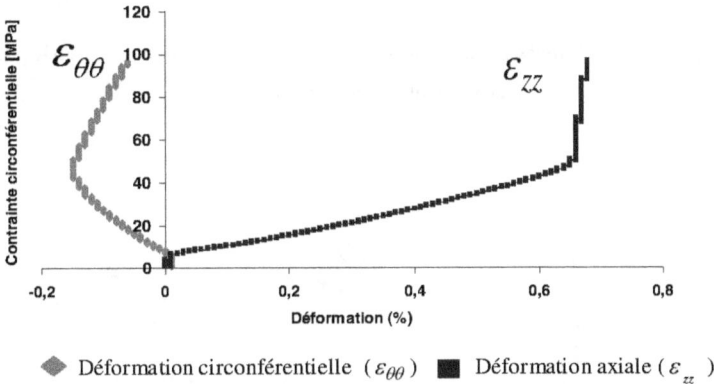

Déformation circonférentielle ($\varepsilon_{\theta\theta}$) ■ Déformation axiale ($\varepsilon_{zz}$)

Figure II.26 : Courbes contraintes-déformations sur la séquence Seq3, pour un chargement à 100 bars après frettage.

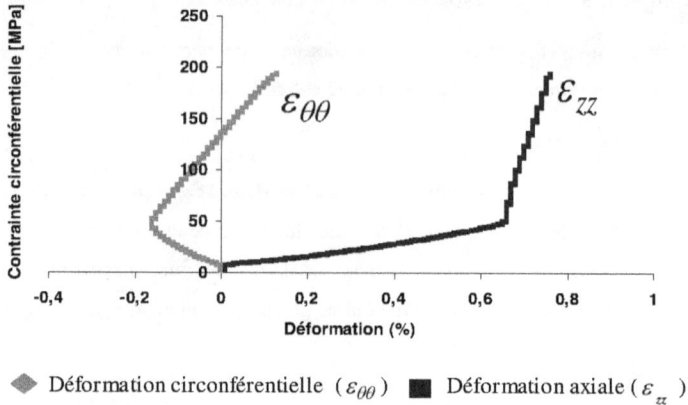

Figure II.27 : Courbes contraintes-déformations sur la séquence Seq3, pour un chargement à 200 bars après frettage.

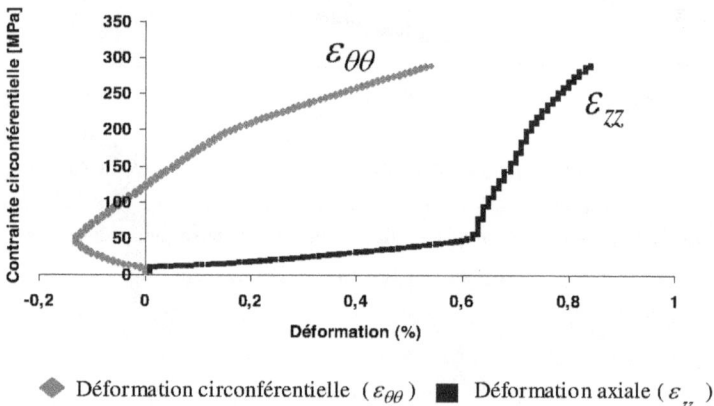

Figure II.28 : Courbes contraintes-déformations sur la séquence Seq3, pour un chargement à 300 bars après frettage.

Le chargement à 400 bars (figure II.29), pour lequel la sollicitation axiale du début de chargement disparaît, confirme que la plastification du liner pour un chargement de 200 bars a été insuffisante, laissant subsister un gap entre le liner et le composite.

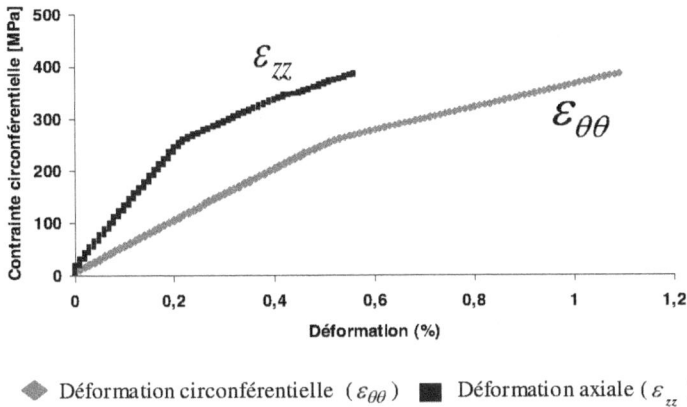

Déformation circonférentielle ($\varepsilon_{\theta\theta}$)   ◼ Déformation axiale (ε_{zz})

Figure II.29 : Courbes contraintes-déformations sur la séquence Seq3, pour un chargement à 400 bars après frettage.

Ce dernier résultat permettra dans le chapitre IV d'établir une comparaison entre résultats expérimentaux et simulations numériques.

Le tableau II.8 résume les différents chargements pour la Seq3 et permet de montrer effectivement, que l'accroissement de la pression (400 bars) permet de se trouver dans des situations qui reflètent un mode de chargement pression interne avec effet de fonds. Avec l'augmentation du chargement de la pression après frettage à 200 bars, les déformations extrêmes dues à l'effet d'effort axial diminuent et elles s'annulent au-delà de 300 bars.

Seq3	Essais de chargement (bars)				
	Frettage	100	200	300	400
$\varepsilon_{\theta\theta}$ (%)	-0.17	-0.15	-0.16	-0.13	-
ε_{zz} (%)	0.83	0.66	0.66	0.62	-
Pression correspondante	53	53	54	54	-

Tableau II.8 : Déformations maximales et pression correspondante à l'effet axial à la fin du chargement de la Seq3.

59

> **Analyse de la Seq2**

Suite aux résultats obtenus sur la séquence précédente, un changement de chargement est envisagé, tableau II.9. Un nouveau frettage est opéré à une pression de 300 bars ; il permet d'écraser complètement le liner sur le composite. Ensuite la structure est soumise à des chargements progressifs de 100 bars, 200 bars puis 300 bars. On remarque que les déformations correspondant à un effet axial en début de chargement disparaissent.

Seq3	Essais de chargement (bars)				
	Frettage à 200	Nouveau frettage à 300	**100**	**200**	**300**
$\varepsilon_{\theta\theta}$ (%)	-0.04	-0.07	-	-	-
ε_{zz} (%)	0.14	0.22	-	-	-
Pression correspondante	**95**	**66**	-	-	-

Tableau II.9 : Déformations maximales et pression correspondante à l'effet axial à la fin du chargement de la Seq2.

La figure II.30 présente les courbes de déformations en fonction de la contrainte circonférentielle pour le nouveau frettage à 300 bars. Suite à ce frettage les courbes de réponse de la structure révèlent un chargement de pression interne avec effet de fond (figure II.31, II.32 et II.33).

Comme précédemment, les résultats obtenus montrent une réponse élastique de la structure à la sollicitation pour un chargement à 100 bars. Une inflexion est constatée pour le chargement à 200 bars essentiellement sur la déformation axiale révélant sans doute un endommagement du composite. Un nouveau point d'inflexion, tant sur la déformation axiale que sur la déformation circonférentielle, apparaît pour un chargement à 300 bars.

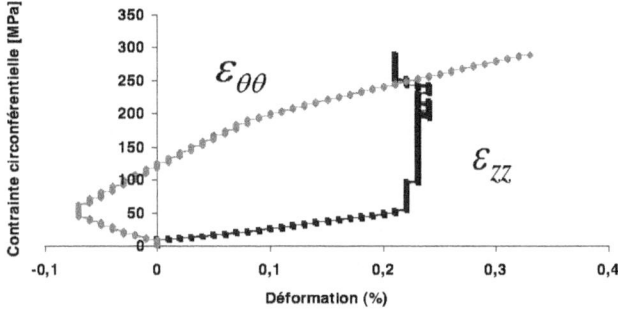

Déformation circonférentielle ($\varepsilon_{\theta\theta}$)   ■   Déformation axiale (ε_{zz})

Figure II.30 : Nouveau frettage à 300 bars « Seq2 ».

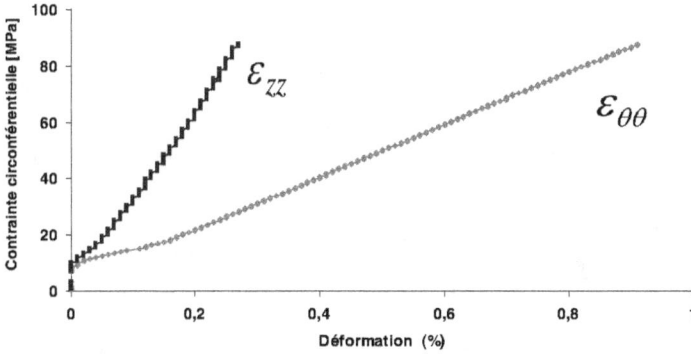

◆ Déformation circonférentielle ($\varepsilon_{\theta\theta}$)   ■   Déformation axiale (ε_{zz})

Figure II.31 : Courbes contraintes-déformations sur la séquence Seq2, pour un chargement à 100 bars suite au second frettage.

61

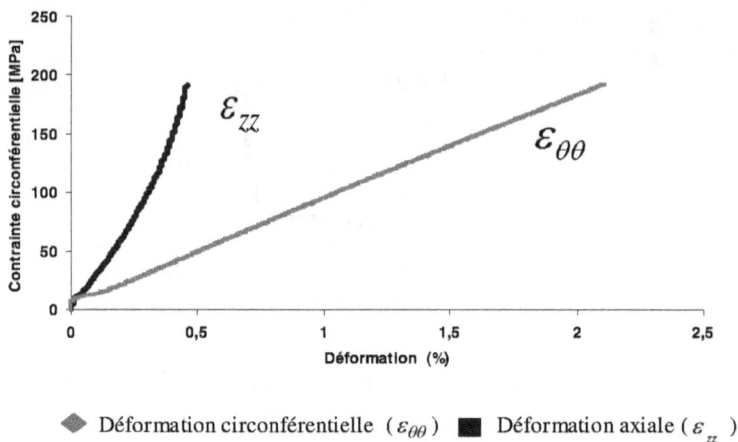

Figure II.32 : Courbes contraintes-déformations sur la séquence Seq2, pour un chargement à 200 bars suite au second frettage.

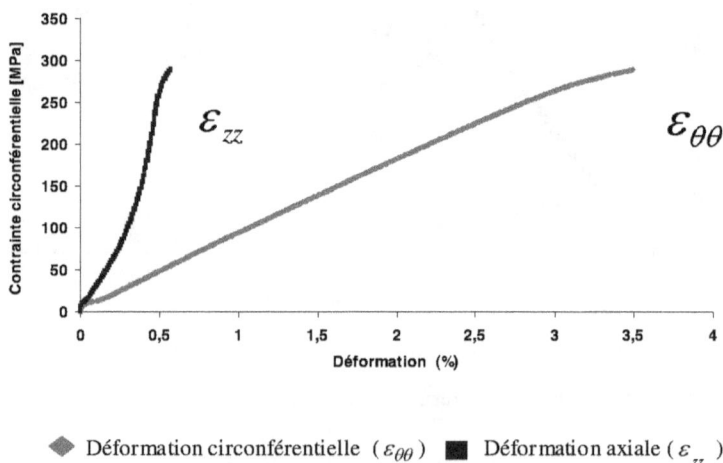

Figure II.33 : Courbes contraintes-déformations sur la séquence Seq2, pour un chargement à 300 bars suite au second frettage.

> **Analyse de la Seq1 et Seq4**

Pour les Seq1 et Seq4, des conclusions identiques sont établies en termes d'allures des contraintes circonférentielles en fonctions des déformations axiales et circonférentielles (voir annexe A). Nous précisons que ces deux séquences n'ont pas fait l'objet d'un chargement à 400 bars, par crainte de ruine des éprouvettes. On se contente dans cette partie d'analyse expérimentale de présenter les différents chargements pour les Seq1 et Seq4 sous forme de tableaux II.10 et II.11, Ainsi que l'allure de la contrainte circonférentielle en fonctions des déformations qui est représentée par la figure II.34.

Seq1	tEssais de chargemen (bars)				
	Frettage à 200	100	200	300	400
$\varepsilon_{\theta\theta}$ (%)	-0.23	-0.14	-0.14	-0.12	-
ε_{zz} (%)	0.41	0.29	0.29	0.25	-
Pression correspondante	48	32	32	28	-

Tableau II.10 : Déformations maximales et pression correspondante à l'effet axial à la fin du chargement de la Seq1.

Seq4	Essais de chargement (bars)				
	Frettage à 200	100	200	300	400
$\varepsilon_{\theta\theta}$ (%)	-0.19	-0.1	-0.09	-0.08	-
ε_{zz} (%)	1.01	0.74	0.77	0.68	-
Pression correspondante	70	61	72	64	-

Tableau II.11 : Déformations maximales et pression correspondante à l'effet axial à la fin du chargement de la Seq4.

Comme conclusion des ces essais, on peut dire que lors de la démarche de frettage le liner à bien plastifié et a comblé de le gap, mais pas suffisamment écraser sur le composite pour qu'il reste collé à lui. Pour ce type de montage, la pression qui permet d'écraser parfaitement le liner sur le composite et de ne pas avoir un retour en cas de déchargement, est 300 bars.

La figure II.34 représente les phases de pertes de rigidité de la structure, qui est due à la plastification du liner et à la présence d'endommagement au niveau du composite. On remarque qu'un rétrécissement axial du composite se manifeste à partir de 160 bars, bien qu'il continue à se déformer sur la direction circonférentielle. Ce résultat expérimental peut faire l'objet d'une comparaison avec un résultat analytique.

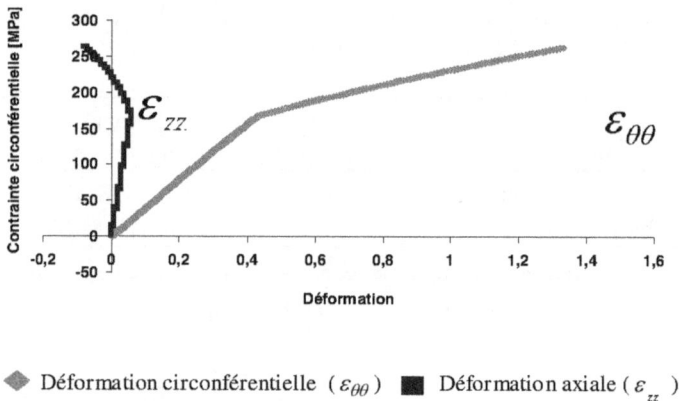

Déformation circonférentielle ($\varepsilon_{\theta\theta}$)   ■ Déformation axiale (ε_{zz})

Figure II.34 : Evolution de la contrainte circonférentielle en fonction des déformations de la Seq1 pour un chargement de 300 bars.

Ce premier volet a fait l'objet de l'exploitation d'un montage, dont la géométrie est proche d'un réservoir, pour la réalisation des éprouvettes composites selon cinq séquences d'empilement. Un protocole expérimental a été mis en place pour tester les cinq éprouvettes sous chargement de pression hydraulique. Les résultats obtenus lors de cette analyse expérimentale permettront d'apprécier la bonne fiabilité du modèle analytique, qui sera présenté au cours du chapitre III et de permettre de l'étendre à la solution hybride.

2.3 Caractérisation des rubans intermétalliques

Ce deuxième volet de l'analyse expérimentale se focalise sur la caractérisation des couches absorbantes d'hydrogène en Zr_3Fe, $Zr_{2.8}Fe$ et $Zr_{2.4}Fe$, où la solution hybride de stockage d'hydrogène est soumise à une pression de l'ordre de 70 MPa. Le rôle de la couche absorbante n'est pas d'absorber l'hydrogène entier stocké dans le réservoir à haute pression, mais de capturer seulement de petites fuites d'hydrogène venant des microfissures, due à la fragilisation de l'enveloppe aluminium, qui est en contact direct avec l'hydrogène. L'utilisation de la couche intermétallique vise à réduire les micros fuites. En effet, l'absorption d'hydrogène, induira une augmentation de 20% du volume de l'intermétallique [7]. Cette augmentation de volume exercera des contraintes sur le liner aluminium, et, on prévoie qu'elle aura comme effet la réduction des microfissures.

L'hydrogénation des couches absorbantes mènera à la formation de l'hydrure tel que Zr_3FeH_5, où l'expansion thermique est très anisotrope [7, 91, 92].

Les essais de caractérisation des rubans intermétalliques en Zr_3Fe, $Zr_{2.8}Fe$ et $Zr_{2.4}Fe$ permettront de déterminer leurs propriétés dimensionnelles et mécaniques.

2.3.1 Matière première

Les alliages ont été élaborés au four à induction sous vide secondaire et ont subi des fusions et des retournements successifs afin d'obtenir une meilleure homogénéité du composé. Le Tableau II.12 présente les propriétés des constituants de l'intermétallique en Zr et en Fe.

Matériau	E [GPa]	ν	α °C. 10^{-6}	Structure	Densité g/cm³
Zr	98	0.38	5.6	C.C	8.6
Fe	196	0.35	11.7	H.C	6.6

Tableau II.12 : Propriétés des composants de l'intermétallique [93].

Comme première approche, les propriétés des composés intermétalliques (tableau II.13) sont obtenues par le biais de la loi des mélanges (équation II.1, [24]) et l'utilisation des compositions atomiques.

Composés intermétalliques	Pourcentage atomique (%)		E [GPa]	ν	α (°C. 10^{-6})
	Zr	Fe			
Zr$_3$Fe	75	25	122.5	0.372	6.1
Zr$_{2.8}$Fe	73.68	26.32	124	0.37	6.28
Zr$_{2.4}$Fe	70.58	29.42	127	0.371	6.5

Tableau II.13 : Propriétés élastiques des composés d'intermétallique.

$$E = E_{Zr} V_{Zr} + E_{Fe} V_{Fe}$$
$$\nu = \nu_{Zr} V_{Zr} + \nu_{Fe} V_{Fe} \tag{II.1}$$
$$\alpha = \alpha_{Zr} - \frac{3 \left(\alpha_{Zr} - \alpha_{Fe} \right)\left(-V_{Zr} \right) V_{Fe}}{2\left(\dfrac{E_{Zr}}{E_{Fe}} \right)\left(-2V_{Fe} \right)V_{Zr} + 2\left(-2V_{Zr} \right)V_{Fe} + \left(-V_{Zr} \right)}$$

Avec,

E_{Zr}, E_{Fe}, E modules d'Young du zirconium, du fer et du composé Zr-Fe respectivement. ν_{Zr}, ν_{Fe}, ν coefficients de Poisson. V_{Zr}, V_{Fe}, V pourcentage atomique. α_{Zr}, α_{Fe}, α coefficients de dilatation thermique.

2.3.2 Caractérisation dimensionnelle

Les rubans des composés ont été élaborés ensuite par Melt-spinning au niveau du LCMTR. Les rubans obtenus en Zr$_3$Fe, Zr$_{2.8}$Fe sont très souples, a contrario du ruban Zr$_{2.4}$Fe qui est cassant. Les figures II. 35, II.36 et II.37 ci- après présentent les dispersions d'épaisseur des trois composés pour différents points de mesure.

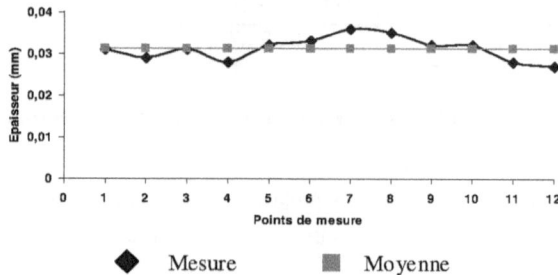

Figure II.35 : Dispersion d'épaisseur pour le composé Zr$_3$Fe.

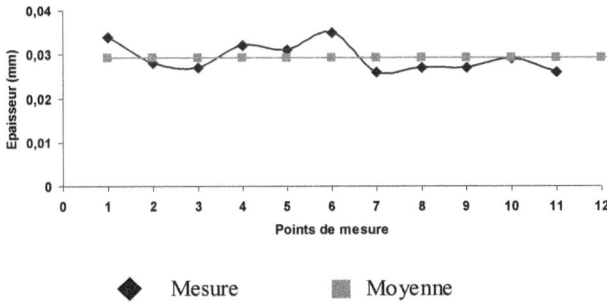

Figure II.36 : Dispersion d'épaisseur pour le composé $Zr_{2.8}Fe$.

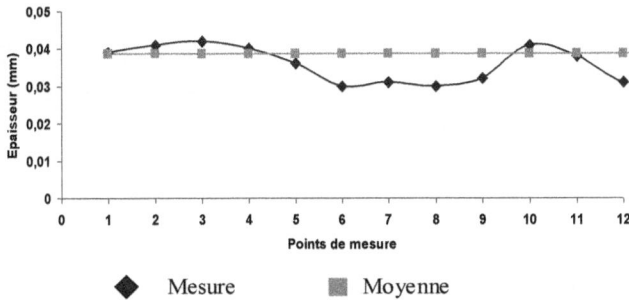

Figure II.37 : Dispersion d'épaisseur pour le composé $Zr_{2.4}Fe$.

La porosité est le rapport du volume vide au volume total. On peut définir la porosité comme le poids du vide réel au niveau de l'intermétallique par le poids théorique. Ce qui nous permettra à partir de l'épaisseur moyenne de calculer le poids théorique de nos éprouvettes et de conclure la porosité. Le tableau II.14 résume les propriétés des trois composés en termes d'épaisseur et de porosité.

Composés intermétalliques	Epaisseur moyenne (mm)	Porosité moyenne (%)
Zr_3Fe	0.0311	25.5
$Zr_{2.8}Fe$	0.0295	8.7
$Zr_{2.4}Fe$	0.0385	17

Tableau II.14 : Epaisseur et porosité moyenne des rubans.

2.3.3 Caractérisation mécanique

2.3.3.1 Fabrication des éprouvettes

Du fait de la faible épaisseur des trois composés et la difficulté de les tenir dans les mors de la machine de traction, nous somme obligés de recourir à la fabrication de mors spécifiques à la géométrie des rubans, ces derniers sont représentés par la figure II.38. Ces mors sont caractérisés par des dimensions de 20 x 12 x 5 (mm). Afin d'éviter tout glissement du ruban lors des essais de traction, des encoches de profondeur de 0.05 mm ont été élaborées sur l'un des mors.

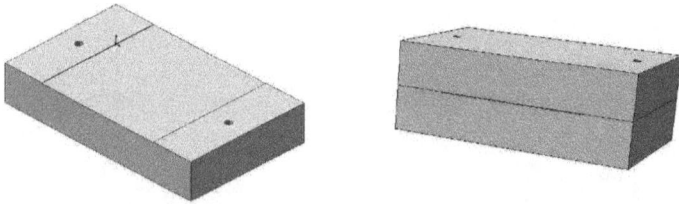

Figure II.38 : Mors d'éprouvette d'intermétallique.

La mise en place des rubans dans les rainures des mors est assurée par une colle de type LOCTITE 401. La figure II.39 représente un modèle d'éprouvette ainsi constituée.

Figure II.39 : Eprouvette d'un ruban intermétallique en $Zr_{2.8}Fe$.

2.3.3.2 Présentation de la machine d'essai DMA

Les Analyseurs Mécaniques Dynamiques **DMA** représentés par la figure II.40 sont des instruments d'une grande polyvalence dédiés à la mesure des propriétés mécaniques des matériaux, et plus particulièrement des propriétés viscoélastiques des matériaux et de leur sensibilité à la température.

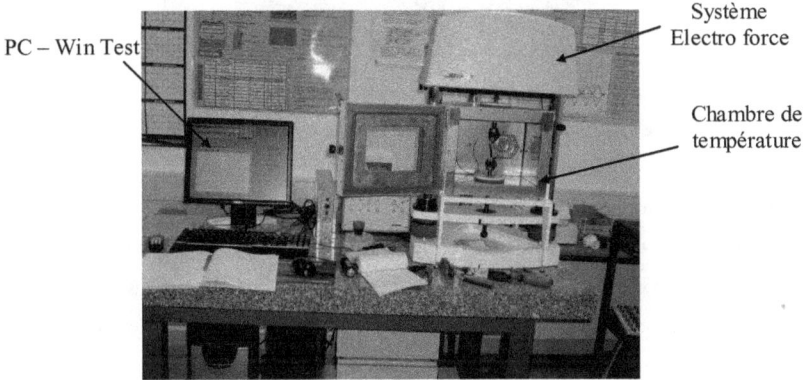

Figure II.40 : Représentation de la machine de traction DMA

Comme l'indique la figure II.40, la machine se compose de :

> ➤ Système de test Electro Force séries 3200 d'une capacité de force maximale de 450 N. Il est équipé d'une chambre de température caractérisée par un intervalle entre -150°C et +315°C.

> ➤ Contrôleur digital type WinTest : permet à l'utilisateur de définir une série de conditions d'essai, qui sont automatiquement reproduits sur le système de test. Le logiciel WinTest fonctionne sous l'environnement Windows XP et dispose d'un affichage entièrement intégré qui simplifie le fonctionnement de l'essai.

Pour l'analyse mécanique en traction, notre ruban est fixé selon la gamme d'accessoires disponible comme l'indique la figure II.41.

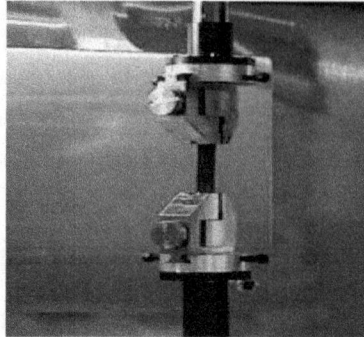

Figure II.41 : Fixation d'une éprouvette en tension.

2.3.3.3 Démarche de mesure

Généralement, dans ce genre d'essai, la mesure est assurée par un extensomètre, qui est placé à l'endroit utile de l'éprouvette. Pour cause de fragilité des rubans, ce moyen de mesure n'est pas utilisé. Les résultats de déplacement obtenus comprendront en plus de celui des éprouvettes, le déplacement du bâti et l'ensemble des éléments mobiles.

$$U^t = U^{ep} + U^m \tag{II.2}$$

$$U^m = F\!\big/\!_k \,,$$

Avec U^t et U^{ep} sont les déplacements total mesuré et de l'éprouvette respectivement, et U^m est le déplacement du bâti et l'ensemble des éléments mobiles. F est la force appliquée sur l'éprouvette lors du chargement (N) et k est la rigidité de la machine et elle est égale à 3500 N/mm².

La relation II.3 permet de calculer la contrainte σ et la déformation ε à partir du chargement en force et du déplacement de l'éprouvette déduit.

$$\begin{cases} \sigma = \dfrac{F}{A} \\[2mm] \varepsilon = \dfrac{U^{ep}}{L} \end{cases} \tag{II.3}$$

Où, L est la longeur initiale de l'éprouvette et A est la section de l'éprouvette.

2.3.3.4 Résultats et interprétation des essais

L'ensemble des essais de traction entrepris a révélé des phénomènes plus ou moins importants de glissement. Ce constat justifie la difficulté d'une estimation fiable du module d'Young. Deux autres informations sont toutefois accessibles par ces essais la limite à rupture et le mode de rupture.

❖ **Composé** Zr$_3$Fe

La figure II.42 représente la contrainte de traction en fonction de la déformation pour les trois derniers essais (les autres essais ont vu des glissements importants et un domaine élastique plus court). D'après cette figure, trois allures sont identifiables : un glissement est enregistré au début du chargement, puis l'éprouvette se déforme linéairement, caractéristique d'un comportement élastique, avant qu'une rupture de pente probablement justifiée par de nouveaux glissements ne s'opère. Pour ce qui est de la rupture, la limite est quasi identique pour les trois essais et la différence s'explique par la dispersion de l'épaisseur des éprouvettes. On peut enregistrer que la limite à rupture moyenne du Zr$_3$Fe est de 442 MPa. Il convient également de préciser que la rupture ne s'est pas produite à proximité immédiate des mors.

Le module d'Young du composé Zr$_3$Fe est déterminé sur la base de l'essai 6. La figure II.43 représente l'allure de la raideur instantanée mesurée en fonction du temps au cours du chargement de l'éprouvette 6. L'allure montre qu'une stabilité est enregistrée entre 7 et 18 s, ce qui nous permet de déduire la valeur du module d'Young, c'est-à-dire 50.5 GPa. Cette valeur est bien inférieure à la valeur obtenue par la loi des mélanges (122.5 GPa). Le tableau II.15 résume les résultats obtenus en termes de contraintes à la rupture.

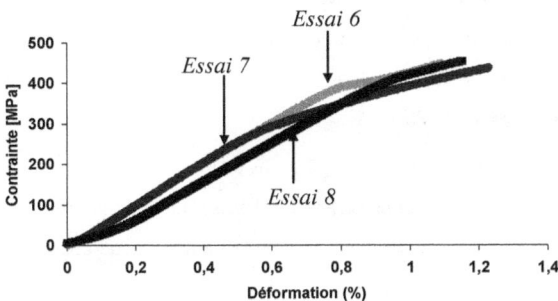

Figure II.42 : Courbes de traction du composé Zr$_3$Fe.

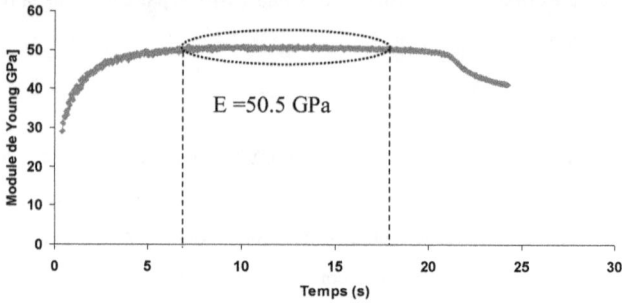

Figure II.43 : Module de Young en fonction du temps de chargement de l'essai 6 obtenu pour le composé Zr$_3$Fe.

Essais/Résultats	6	7	8
Contrainte à la rupture [MPa]	448	436	455

Tableau II.15 : Résumé des résultats de traction de Zr$_3$Fe.

❖ **Composé** Zr$_{2.8}$Fe

Pour ce deuxième composé, six éprouvettes ont été testées et nous présentons le comportement en traction de quatre éprouvettes (figure II.44). Une grande dispersion caractérise les courbes contraintes – déformations, où la contrainte à la rupture prend une valeur moyenne de l'ordre de 690.5 MPa (tableau II.16). Cette valeur est nettement supérieure à celle du composé Zr$_3$Fe.

Comme l'indique la figure II.45, l'essai 3 permet de déduire une valeur approchée du module de Young. Cette figure représente l'allure du module de Young durant le chargement pour l'essai 3. Un palier est enregistré de 26 à 32 s, où le module prend une valeur de l'ordre de 72 GPa.

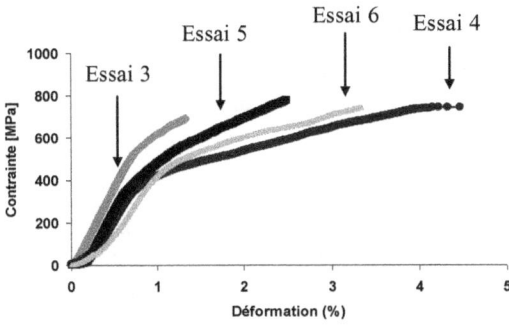

Figure II.44 : Courbes de traction du composé $Zr_{2.8}Fe$.

Essais /Résultats	3	4	5	6
Contrainte à la rupture [MPa]	693	742	784	744

Tableau II.16 : Résumé des résultats de traction de $Zr_{2.8}Fe$.

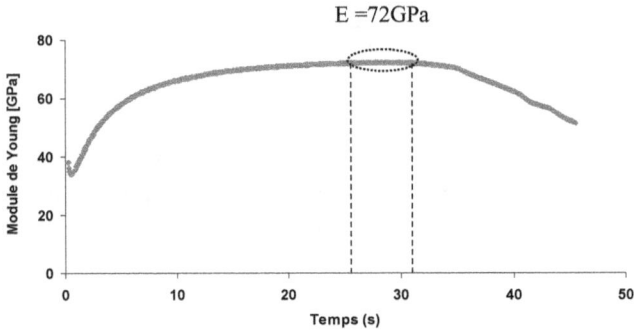

Figure II.45 : Module de Young en fonction du temps de chargement de l'essai 3 du composé $Zr_{2.8}Fe$.

❖ **Composé** $Zr_{2.4}Fe$

Seules deux éprouvettes ont pu être réalisées à partir du ruban fourni par le LCMTR. Le $Zr_{2.4}Fe$ s'avère plus fragile que les composés précédents. La figure II.46 présente l'allure de l'essai de traction du composé, où à la fin de l'essai, le ruban de $Zr_{2.4}Fe$ se désagrège totalement en poussière. Ce mode de rupture a été constaté pour les deux essais. Le tableau II.17 résume les données à la rupture du composé.

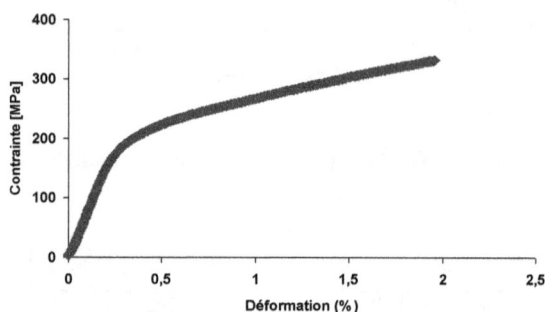

Figure II.46 : Courbes de traction du composé $Zr_{2.4}Fe$.

Essais /Résultats	1	2
Contrainte à la rupture [MPa]	332	370

Tableau II.17 : Résumé des résultats de traction de $Zr_{2.4}Fe$.

Pour la définition du module de Young, on se base sur les résultats obtenus au cours de l'essai 2. La figure II.47, de la même façon que précédemment permet d'estimer le module d'Young à 76 GPa entre 7 et 12s.

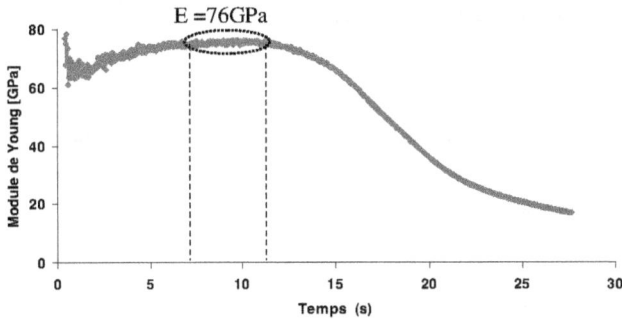

Figure II.47 : Module d'Young en fonction du temps de chargement pour l'essai 2 du composé Zr$_{2,4}$Fe.

A la fin de cette deuxième partie expérimentale, il est essentiel de faire un point sur les propriétés des rubans et sur les résultats obtenus :

➢   Propriétés des rubans : les composés en Zr-Fe fournis sont des matériaux qui présentent des porosités non négligeables, avec des épaisseurs très fines qui rendent leur caractérisation mécanique difficile.

➢   Limites et modes à la rupture : les ordres de grandeurs à la rupture obtenus permettent comme première approche d'estimer le comportement des rubans d'intermétalliques lorsque ces derniers sont soumis à des précontraintes, vue leur positionnement entre le liner et le composite d'une part et à l'effet du chargement thermomécanique d'autre part.

➢   Module d'Young : les contraintes rencontrées au cours de l'ensemble des essais de traction surtout pour le Zr$_3$Fe entrepris ont révélés des phénomènes plus ou moins importants de glissement. S'ajoute à cela, les propriétés des rubans, cités ci-dessus, qui ont créés l'écart entre l'approche par la loi des mélanges et l'essai expérimental.

L'analyse mécanique et thermomécanique de la solution hybride nécessite la connaissance de toute les propriétés élastiques (module d'Young, ν coefficient de Poisson et le coefficient de dilatation thermique α) et à la rupture (limites élastique et à la rupture) des composés Zr-Fe.

75

Sur la base des conclusions obtenues dans ce volet expérimental, nous décidons d'utiliser les propriétés élastiques des rubans issues de la loi des mélanges dans la modélisation de la solution hybride.

De ce fait, un travail complémentaire sur la sensibilité paramétrique des propriétés du ruban s'avère indispensable. Ce travail nous permettra de vérifier le rôle des rubans en termes de fermetture des fissures.

2.4 Conclusion

La réalisation et la mise sous pression des éprouvettes liner /composite ont fait l'objet du présent chapitre. Il est bon de souligner que, grâce à la richesse des moyens humains et matériels dont dispose le LMARC, nous avons pu mettre en place notre démarche expérimentale.

On note que la procédure d'enroulement filamentaire et la mise en place de la procédure expérimentale, nous ont permis d'approfondir nos connaissances en termes théoriques et expérimentales.

La première partie de ce chapitre a fait l'objet d'une présentation et interprétation des résultats expérimentaux de chargement de pression.

Au début du chargement hydraulique, les résultats des essais expérimentaux du composite ont présentés des déformations circonférentielles négatives et axiales positives, qui reflètent un mode de chargement axial. Dés que le liner arrive à transmettre le chargement de la pression interne au composite, ce dernier change de comportement et prend l'allure d'un chargement de pression interne avec effet de fond.

Par rapport aux essais de frettage, les déformations axiales et circonférentielles décroissent pour les chargements qui suivent jusqu'à ce qu'elles s'annulent lorsque l'on dépasse les 300 bars. Cette remarque montre que le liner à plastifié, mais pas suffisamment pour qu'il reste collé au composite. Ce constat disparait dès qu'on atteint une pression de 300 bars, pour toutes les séquences de cette analyse. Ce constat est dû à la spécifité du montage qui ne permit pas d'assurer un bon frettage. Ce genre de problème a totalement disparus pour des hautes pressions, ce qui permet de comparer les résultats expérimentaux et ceux de l'analytique.

On note aussi qu'un essai d'éclatement ou de ruine a été réalisé pour une séquence de $\pm 55\frac{}{3}$ pour une pression de chargement de 800 bars. L'éclatement s'est produit à 718 bars au niveau de la discontinuité géométrique par cisaillement des fibres composites. Ces résultats sont remarquables, si, on sait que l'objectif de ces prototypes de réservoirs est d'atteindre une pression de 700 bars sous pression d'hydrogène.

Les essais en traction destinés à caractériser les composés intermétallique somme toute simples sont toutefois précurseurs en la matière. En effet, peu de travaux aujourd'hui visent à étudier le comportement mécanique des intermétalliques. Pourtant, la capacité de ces matériaux à se dilater en dépit de sollicitations extérieures montre l'intérêt de telles études. Ces essais ont permis de déterminer les limites et les modes à la rupture de ces composés. Le désagrégement du composé $Zr_{2.4}Fe$ lors de sa rupture fut particulièrement spectaculaire et devra sans doute être pris en considération si ce composé doit être utilisé sous contraintes. Les problèmes de glissement des éprouvettes et des rubans n'ont pas permis d'avoir des grandeurs expérimentales du module d'Young proches à celles de la loi de mélanges.

Dans la suite du document, les résultats provenant de la loi des mélanges sont introduits dans les simulations du chapitre V et une analyse de sensibilité des simulations aux résultats expérimentaux des rubans fait l'objet d'un travail complémentaire.

Suite à ce chapitre expérimental, un modèle analytique du comportement de la structure prenant en compte l'effet thermique au cours de la polymérisation et l'effet de pression au cours du chargement est présenté. Le point fort du chapitre III et du modèle analytique est la prise en compte de la spécificité de l'intermétallique dans la solution hybride.

3.1 Introduction

Ce chapitre a pour objet la mise en place de la modélisation analytique en chargement statique de la solution de stockage hybride. Dans un premier temps, on pose les hypothèses définissant les limites d'application du modèle et les équations qui en découlent dans le cadre de la théorie de l'élasticité, en considérant le formalisme des petites déformations.

Ce modèle analytique permet de prendre en compte les différentes phases de fabrication (polymérisation et frettage) de la solution de stockage avant la mise en chargement. Ce dernier peut être varié : pression interne pure, chargement axial, pression interne avec effet de fond et torsion. L'apport essentiel de ce modèle, qui vise à pré-dimensionner la structure, est de prévoir le comportement de la solution de stockage au cours du chargement mécanique et la prise en compte d'une fuite d'hydrogène par le biais d'une analogie thermique.

Actuellement, plusieurs travaux de recherches se sont concentrés sur les contraintes et l'analyse de la rupture de la partie cylindrique du réservoir composite ([45], [44], [48], [94] et [95]), où la grandeur des résultats obtenus reflète le comportement de la totalité de la structure. Dans ce sens, le modèle élaboré au cours de ce chapitre ne s'intéresse qu'à la section cylindrique du réservoir de stockage.

3.2 Hypothèses et mise en équations

3.2.1 Analyse des déplacements, des contraintes et des déformations

On considère une structure cylindrique multicouche de rayons interne r_0 et externe r_a comme le montre la figure III.1. On définit les coordonnées cylindriques : radiale (r), circonférentielle (θ) et axiale (z).

Si on se place dans le cas où la structure est soumise à un chargement thermomécanique axisymétrique, puis dans l'hypothèse qui précise que la structure demeure axisymétrique, nous pouvons écrire que les états de contraintes et de déformations sont indépendants de la coordonnée circonférentielle θ $\left(\dfrac{\partial}{\partial \theta} = 0 \right)$.

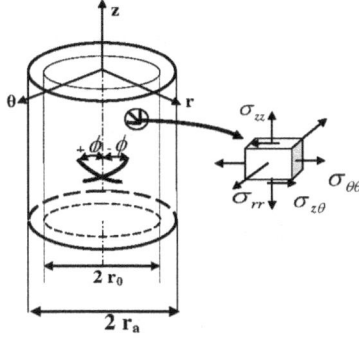

Figure III.1 : Etat de contrainte dans un tube multicouche.

Par ailleurs, les déplacements radiaux et axiaux ne dépendent respectivement que de z et de r. Dès lors, le champ de déplacement peut s'écrire sous la forme suivante :

$$\begin{cases} U_r = U_r(r) \\ U_\theta = U_\theta(r,z) \\ U_z = U_z(z) \end{cases} \quad (III.1)$$

Dans le contexte d'un chargement uniforme, les relations déformations - déplacements pour la structure constituée de k couches, peuvent s'écrire pour la couche (k) :

$$\begin{cases} \varepsilon_r^{(k)} = \dfrac{\partial U_r^{(k)}}{\partial r}, \quad \varepsilon_\theta^{(k)} = \dfrac{1}{r}\dfrac{\partial U_\theta^{(k)}}{\partial \theta} + \dfrac{U_r^{(k)}}{r}, \quad \varepsilon_z^{(k)} = \dfrac{\partial U_z^{(k)}}{\partial z} \\[3mm] \gamma_{z\theta}^{(k)} = \dfrac{1}{r}\dfrac{\partial U_z^{(k)}}{\partial \theta} + \dfrac{\partial U_\theta^{(k)}}{\partial z}, \quad \gamma_{zr}^{(k)} = \dfrac{\partial U_z^{(k)}}{\partial r} + \dfrac{\partial U_r^{(k)}}{\partial z} \\[3mm] \gamma_{\theta r}^{(k)} = \dfrac{1}{r}\dfrac{\partial U_r^{(k)}}{\partial \theta} + r\dfrac{\partial}{\partial r}\left(\dfrac{U_\theta^{(k)}}{r}\right) \end{cases} \quad (III.2)$$

Par la suite, on considère que la déformation axiale est homogène dans l'épaisseur et la longueur du tube et que la rotation du cylindre $\gamma_{z\theta}$ est indépendante de z. Dès lors, le système (III.2) se réduit à la formulation qui suit ($\dfrac{\partial}{\partial \theta} = 0, \quad \dfrac{\partial}{\partial z} = 0$) :

$$\begin{cases} \varepsilon_r^{(k)} = \dfrac{dU_r^{(k)}}{dr}, \quad \varepsilon_\theta^{(k)} = \dfrac{U_r^{(k)}}{r}, \quad \varepsilon_z^{(k)} = \dfrac{dU_z^{(k)}}{dz} = \varepsilon_0 \\[3mm] \gamma_{z\theta}^{(k)} = \dfrac{dU_\theta^{(k)}}{dz} = \gamma_0 r, \quad \gamma_{zr}^{(k)} = 0, \quad \gamma_{\theta r}^{(k)} = \dfrac{dU_\theta^{(k)}}{dr} - \dfrac{U_\theta^{(k)}}{r} \end{cases} \quad (III.3)$$

où γ_0 est la rotation du tube par unité de longueur.

Quant aux équations d'équilibre, en coordonnées cylindriques, elles prennent la forme suivante :

$$\begin{cases} \dfrac{\partial \sigma_r}{\partial r} + \dfrac{1}{r}\dfrac{\partial \tau_{\theta r}}{\partial \theta} + \dfrac{\partial \tau_{zr}}{\partial z} + \dfrac{\sigma_r - \sigma_\theta}{r} = 0 \\[2mm] \dfrac{\partial \tau_{\theta r}}{\partial r} + \dfrac{1}{r}\dfrac{\partial \sigma_\theta}{\partial \theta} + \dfrac{\partial \tau_{z\theta}}{\partial z} + \dfrac{2\tau_{\theta r}}{r} = 0 \\[2mm] \dfrac{\partial \tau_{zr}}{\partial r} + \dfrac{1}{r}\dfrac{\partial \tau_{z\theta}}{\partial \theta} + \dfrac{\partial \sigma_z}{\partial z} + \dfrac{\tau_{zr}}{r} = 0 \end{cases} \qquad (\text{III.4})$$

Ce système se réduit à la formulation qui suit dans le contexte de cette étude ($\dfrac{\partial \sigma_{ij}}{\partial \theta} = 0, \dfrac{\partial \sigma_{ij}}{\partial z} = 0$) :

$$\frac{d\sigma_r}{dr} + \frac{\sigma_r - \sigma_\theta}{r} = 0 \qquad (\text{III.5-a})$$

$$\frac{d\tau_{\theta r}}{dr} + \frac{2}{r}\tau_{\theta r} = 0 \qquad (\text{III.5-b})$$

$$\frac{d\tau_{zr}}{dr} + \frac{\tau_{zr}}{r} = 0 \qquad (\text{III.5-c})$$

A partir des équations (III.5-b) et (III.5-c), on peut déduire les expressions suivantes :

$$\begin{cases} \tau_{\theta r} = \dfrac{A}{r^2} \\[3mm] \tau_{zr} = \dfrac{B}{r} \end{cases} \qquad (\text{III.6})$$

3.2.2 Loi de comportement

Dans cette partie, nous nous intéressons à définir les lois de comportement de chaque constituant. La loi de comportement d'une couche de la structure est écrite sous la forme :

$$\begin{cases} \varepsilon = S\,\sigma + \alpha I\,\Delta T \\ \sigma = C\,(\varepsilon - \alpha I\,\Delta T) \end{cases} \qquad (\text{III.7})$$

Où,

C est la matrice de rigidité

S est la matrice de souplesse

α est le vecteur de coefficients de dilatation thermique

σ est le vecteur de contraintes

ε est le vecteur de déformations

I est la matrice identité

On note que la variation des températures dans l'épaisseur n'est pas prise en compte.

3.2.2.1 Comportement du liner

On s'attache dans ce paragraphe à décrire le comportement du liner. Le comportement isotrope du liner en aluminium permet directement d'écrire le tenseur de souplesse élastique dans le repère cylindrique sous la forme suivante :

$$S_{\varepsilon}^{L} = \begin{pmatrix} S_{11}^{L} & S_{12}^{L} & S_{13}^{L} & 0 & 0 & 0 \\ S_{21}^{L} & S_{22}^{L} & S_{23}^{L} & 0 & 0 & 0 \\ S_{31}^{L} & S_{32}^{L} & S_{33}^{L} & 0 & 0 & 0 \\ 0 & 0 & 0 & S_{44}^{L} & 0 & 0 \\ 0 & 0 & 0 & 0 & S_{55}^{L} & 0 \\ 0 & 0 & 0 & 0 & 0 & S_{66}^{L} \end{pmatrix} \tag{III.8}$$

Avec :

$$\begin{cases} S_{11}^{L} = S_{22}^{L} = S_{33}^{L} = \dfrac{1}{E^{L}}, S_{23}^{L} = S_{12}^{L} = S_{13}^{L} = \dfrac{-\nu^{L}}{E^{L}}, \\ S_{44}^{L} = S_{55}^{L} = S_{66}^{L} = \dfrac{1}{G^{L}} \end{cases} \tag{III.9}$$

E^{L}, ν^{L} et G^{L} sont respectivement le module d'Young, coefficient de Poisson et le module de cisaillement du liner métallique.

Les liners métalliques, obtenus par emboutissage, sont caractérisés par une anisotropie plastique. La prise en considération de ce comportement permettra de refléter le comportement réel de notre solution de stockage.

Pour se faire, on suppose connaître la loi d'écrouissage du matériau, où la contrainte d'écoulement plastique s'exprime en fonction de la déformation équivalente. Une telle dépendance peut être introduite par une loi dite puissance ou de Hollomon, et exprimée comme suit [96] :

$$\overline{\sigma} = \eta \left(\overline{\varepsilon^p} \right)^{\delta} \tag{III.10}$$

η et δ sont deux paramètres qui définissent le comportement plastique du liner. Cette loi est l'une des plus adaptées à l'écrouissage des métaux, elle permet de représenter une évolution continue de la fonction d'écrouissage entre la plasticité parfaite et l'écrouissage linéaire.

D'une manière plus générale, on cherche à exprimer la variation de contrainte équivalente en fonction de la variation de la déformation équivalente :

$$\dot{\overline{\sigma}} = \mu \left(\dot{\overline{\varepsilon}}^p \right) \tag{III.11}$$

Où μ est une fonction qui traduit l'écrouissage du matériau.

La loi de Prandtl-Reuss [97] nous permet de décrire le cas d'un comportement élastoplastique avec une surface d'écoulement représentée par une contrainte équivalente de Hill et une variable isotrope σ_0. On considère qu'il n'y' a pas de variable cinématique.

La fonction caractérisant la surface d'écoulement s'écrit sous la forme suivante :

$$f \left(\underline{\sigma}, R \right) = \underline{\sigma}_{Hill} - \sigma_0 \tag{III.12}$$

Cette équation prend la forme suivante en cas de plasticité, avec $f = 0$:

$$F \left(\sigma_{zz} - \sigma_{\theta\theta} \right)^2 + G \left(\sigma_{\theta\theta} - \sigma_{rr} \right)^2 + H \left(\sigma_{rr} - \sigma_{zz} \right)^2 + 2L\sigma_{\theta r}^2 + 2M \sigma_{zr}^2 + 2N\sigma_{z\theta}^2 = \sigma_0^2 \tag{III.13}$$

Où F, G, H, L, M et N sont les coefficients d'anisotropies du matériau.

Par ailleurs, la vitesse de déformation plastique est gouvernée par la loi de normalité et elle est exprimée comme suit :

$$\dot{\varepsilon}_{ij} = \dot{\lambda} \frac{\partial f \left(\sigma_{ij} \right)}{\partial \sigma_{ij}} \tag{III.14}$$

Où, λ est le multiplicateur de Lagrange.

Le développement de l'équation (III.14) et l'utilisation de l'équation (III.13) permet d'obtenir :

$$\begin{cases} \dot{\varepsilon}_{zz} = 2\,\dot{\lambda}\,\eta_1 \\ \dot{\varepsilon}_{\theta\theta} = 2\,\dot{\lambda}\,\eta_2 \\ \dot{\varepsilon}_{rr} = 2\,\dot{\lambda}\,\eta_3 \\ \dot{\varepsilon}_{\theta r} = 2\,\dot{\lambda}\,L\,\sigma_{\theta r} \\ \dot{\varepsilon}_{zr} = 2\,\dot{\lambda}\,M\,\sigma_{zr} \\ \dot{\varepsilon}_{z\theta} = 2\,\dot{\lambda}\,N\,\sigma_{z\theta} \end{cases} \tag{III.15-a}$$

Avec

$$\begin{cases} \eta_1 = (H+G)\,\sigma_{zz} - H\,\sigma_{\theta\theta} - G\,\sigma_{rr} \\ \eta_2 = (H+F)\,\sigma_{\theta\theta} - H\,\sigma_{zz} - F\,\sigma_{rr} \\ \eta_3 = (F+G)\,\sigma_{rr} - G\,\sigma_{zz} - F\,\sigma_{\theta\theta} \end{cases} \tag{III.15-b}$$

Il nous reste à identifier le paramètre $\dot{\lambda}$. La puissance de déformation plastique est donnée par la formulation suivante :

$$\dot{\chi} = \sigma_{ij}\,\dot{\varepsilon}_{ij} = \sigma_{ij}\,\dot{\lambda}\,\frac{\partial f}{\partial \sigma_{ij}} \tag{III.16}$$

Où f est homogène de degré 2.

Soit

$$\dot{\chi} = 2\,\dot{\lambda}\,\sigma_0^2$$

Dans le cas du critère de Hill, la puissance de déformation plastique s'écrit :

$$\dot{\chi} = \sigma_0\,\dot{\bar{\varepsilon}}_H \tag{III.17}$$

A partir des équations (III.16) et (III.17), on peut déduire $\dot{\lambda}$ sous la forme :

$$\dot{\lambda} = \frac{\dot{\bar{\varepsilon}}_H}{2\,\sigma_0} \tag{III.18}$$

En substituant (III.18) dans (III.14) et en utilisant (III.11), nous exprimons la dépendance entre la variation de déformation et l'incrément de contrainte :

$$\begin{Bmatrix} \dot{\varepsilon}_{zz} \\ \dot{\varepsilon}_{\theta\theta} \\ \dot{\varepsilon}_{rr} \\ \dot{\varepsilon}_{\theta r} \\ \dot{\varepsilon}_{zr} \\ \dot{\varepsilon}_{z\theta} \end{Bmatrix} = \frac{1}{\sigma_0\,\mu} \begin{bmatrix} \eta_1 \\ \eta_2 \\ \eta_3 \\ 2\,L\,\sigma_{\theta r} \\ 2\,M\,\sigma_{zr} \\ 2\,N\,\sigma_{z\theta} \end{bmatrix} \begin{bmatrix} \dfrac{\eta_1}{\sigma_0} & \dfrac{\eta_2}{\sigma_0} & \dfrac{\eta_3}{\sigma_0} & \dfrac{L\,\sigma_{\theta r}}{\sigma_0} & \dfrac{M\,\sigma_{zr}}{\sigma_0} & \dfrac{N\,\sigma_{z\theta}}{\sigma_0} \end{bmatrix} \begin{Bmatrix} \dot{\sigma}_{zz} \\ \dot{\sigma}_{\theta\theta} \\ \dot{\sigma}_{rr} \\ \dot{\sigma}_{\theta r} \\ \dot{\sigma}_{zr} \\ \dot{\sigma}_{z\theta} \end{Bmatrix} \qquad \text{(III.19)}$$

L'équation (III.19) peut être réécrite plus simplement selon :

$$\dot{\varepsilon} = S_P^L\,\dot{\sigma} \qquad\qquad \text{(III.20)}$$

avec,

$$S_P^L = \frac{Q}{\sigma_0^2\,\mu'\,\dot{\varepsilon}^p} \qquad\qquad \text{(III.21)}$$

Où

$$Q = \begin{pmatrix} \eta_1^2 & \eta_1\eta_2 & \eta_1\eta_3 & L\eta_1\sigma_{\theta r} & M\eta_1\sigma_{zr} & N\eta_1\sigma_{z\theta} \\ \eta_1\eta_2 & \eta_2^2 & \eta_2\eta_3 & L\eta_2\sigma_{\theta r} & M\eta_2\sigma_{zr} & N\eta_2\sigma_{z\theta} \\ \eta_1\eta_3 & \eta_2\eta_3 & \eta_3^2 & L\eta_3\sigma_{\theta r} & M\eta_3\sigma_{zr} & N\eta_3\sigma_{z\theta} \\ 2L\eta_1\sigma_{\theta r} & 2L\eta_2\sigma_{\theta r} & 2L\eta_3\sigma_{\theta r} & 2L^2\sigma_{\theta r}^2 & 2LM\sigma_{\theta r}\sigma_{zr} & 2LN\sigma_{\theta r}\sigma_{z\theta} \\ 2M\eta_1\sigma_{zr} & 2M\eta_2\sigma_{zr} & 2M\eta_3\sigma_{zr} & 2LM\sigma_{\theta r}\sigma_{zr} & 2M^2\sigma_{zr}^2 & 2MN\sigma_{z\theta}\sigma_{zr} \\ 2N\eta_1\sigma_{z\theta} & 2N\eta_2\sigma_{z\theta} & 2N\eta_3\sigma_{z\theta} & 2LN\sigma_{\theta r}\sigma_{z\theta} & 2MN\sigma_{zr}\sigma_{z\theta} & 2N^2\sigma_{z\theta}^2 \end{pmatrix}$$

Finalement, après ces considérations, l'incrément de déformation s'exprime classiquement comme la somme d'une composante élastique et d'une composante plastique, toutes deux dépendantes de l'incrément de contrainte, auxquelles s'ajoute également une composante d'origine thermique.

$$d\varepsilon = d\varepsilon^e + d\varepsilon^p + d\varepsilon^t = \left(S_e^L + S_p^L \right) d\sigma + \alpha\,I\,\Delta T \qquad \text{(III.22)}$$

3.2.2.2 Comportement de l'intermétallique

Le comportement isotrope de l'intermétallique Zr-Fe permet directement d'écrire le tenseur de souplesse élastique dans le repère cylindrique du réservoir, sous la forme suivante :

$$S_e^m = \begin{pmatrix} S_{11}^m & S_{12}^m & S_{13}^m & 0 & 0 & 0 \\ S_{12}^m & S_{22}^m & S_{23}^m & 0 & 0 & 0 \\ S_{13}^m & S_{23}^m & S_{33}^m & 0 & 0 & 0 \\ 0 & 0 & 0 & S_{44}^m & 0 & 0 \\ 0 & 0 & 0 & 0 & S_{55}^m & 0 \\ 0 & 0 & 0 & 0 & 0 & S_{66}^m \end{pmatrix} \qquad (III.23)$$

Où S_e^m est la matrice de souplesse.

Avec

$$\begin{cases} S_{11}^m = S_{22}^m = S_{33}^m = \dfrac{1}{E^m}, \; S_{23}^m = S_{12}^m = S_{13}^m = \dfrac{-\nu^m}{E^m}, \\ S_{44}^m = S_{55}^m = S_{66}^m = \dfrac{1}{G^m} \end{cases} \qquad (III.24)$$

E^m, ν^m et G^m sont respectivement le module d'Young, le module de cisaillement et le coefficient de Poisson de l'intermétallique.

L'incrément de déformation de l'intermétallique est exprimé par l'équation ci-dessous :

$$d\varepsilon^m = S_e^m d\sigma + \alpha^m \, I \, \Delta T \qquad (III.25)$$

α^m représente le vecteur du coefficient de dilatation thermique de l'intermétallique.

3.2.2.3 Comportement du composite

Le composite est anisotrope et la description de son comportement nécessite de tenir compte de l'orientation φ de ses fibres (figure III.2). Pour cela, on définit le repère cartésien (X, Y, Z), le repère cylindrique (r, θ, z) et le repère locale de la fibre (x, y, z), où, x et y sont les axes principaux des directions longitudinale et transversale des fibres respectivement.

Les propriétés élastiques de ce type de matériau sont : E_x module longitudinale dans le sens fibre; E_y et E_z sont les modules transverses dans les directions des axes y et z respectivement ; G_{xy}, G_{xz} et G_{yz} modules de cisaillement ; ν_{xz} et ν_{xy} sont les coefficients de Poisson dans les plans $x-z$ et $x-y$ respectivement ; γ_{xy} est la déformation de cisaillement dans le plan $x-y$.

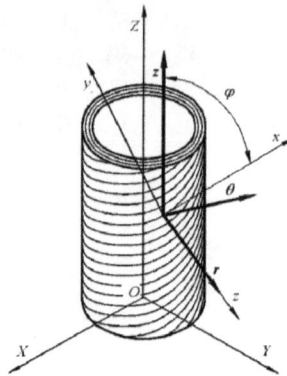

Figure III.2 : Relations entre les coordonnées cylindriques et les coordonnées de références du composite.

La distribution des fibres pour un composite unidirectionnelle est similaire dans les directions Y et Z. Les caractéristiques matériaux sont en conséquence équivalentes dans les plans Y-Z et X-Z :

$$E_y = E_z, \tag{III.26-a}$$

$$G_{xy} = G_{xz}, \tag{III.26-b}$$

$$\nu_{xz} = \nu_{xy}, \tag{III.26-c}$$

$$G_{yz} = \frac{E_y}{2(1+\nu_{yz})}, \tag{III.26-d}$$

Le mode de réalisation par enroulement filamentaire confère une isotropie transverse aux couches de renfort. Les composantes de la matrice de souplesse s'écrivent comme suit :

$$S^c = \begin{pmatrix} S^c_{11} & S^c_{12} & S^c_{13} & 0 & 0 & 0 \\ S^c_{21} & S^c_{22} & S^c_{23} & 0 & 0 & 0 \\ S^c_{31} & S^c_{32} & S^c_{33} & 0 & 0 & 0 \\ 0 & 0 & 0 & S^c_{44} & 0 & 0 \\ 0 & 0 & 0 & 0 & S^c_{55} & 0 \\ 0 & 0 & 0 & 0 & 0 & S^c_{66} \end{pmatrix} \tag{III.27-a}$$

Avec :

$$\begin{cases} S^c_{11} = \dfrac{1}{E_x}, S^c_{12} = S^c_{13} = \dfrac{-\nu_{xy}}{E_x} \\ S^c_{22} = S^c_{33} = \dfrac{1}{E_y}, S^c_{23} = \dfrac{-\nu_{yz}}{Ey} \\ S^c_{44} = S^c_{55} = S^c_{66} = \dfrac{1}{G_{xy}} \\ E_y = E_z, \nu_{xy} = \nu_{xz} \end{cases}$$ (III.27-b)

Les relations qui suivent permettent d'exprimer les vecteurs déformations et contraintes dans le repère fibre.

$$\begin{cases} \varepsilon' = T_\varepsilon \, \varepsilon \\ \sigma' = T_\sigma \, \sigma \end{cases}$$ (III.28-a)

Où,

$$T_\sigma = \begin{bmatrix} cos^2\varphi & sin^2\varphi & 0 & 0 & 0 & 2\,sin\varphi\,cos\varphi \\ sin^2\varphi & cos^2\varphi & 0 & 0 & 0 & -2\,sin\varphi\,cos\varphi \\ 0 & 0 & 1 & 0 & 0 & 0 \\ 0 & 0 & 0 & cos\varphi & -sin\varphi & 0 \\ 0 & 0 & 0 & sin\varphi & cos\varphi & 0 \\ -sin\varphi\,cos\varphi & sin\varphi\,cos\varphi & 0 & 0 & 0 & cos^2\varphi - sin^2\varphi \end{bmatrix}$$ (III.28-b)

et

$$T_\varepsilon = \begin{bmatrix} cos^2\varphi & sin^2\varphi & 0 & 0 & 0 & sin\varphi\,cos\varphi \\ sin^2\varphi & cos^2\varphi & 0 & 0 & 0 & -sin\varphi\,cos\varphi \\ 0 & 0 & 1 & 0 & 0 & 0 \\ 0 & 0 & 0 & cos\varphi & -sin\varphi & 0 \\ 0 & 0 & 0 & sin\varphi & cos\varphi & 0 \\ -2\,sin\varphi\,cos\varphi & 2\,sin\varphi\,cos\varphi & 0 & 0 & 0 & cos^2\varphi - sin^2\varphi \end{bmatrix}$$ (III.28-c)

Pour vérifier la résistance de la partie composite, on utilise le critère de rupture de TSAI-WU. Ce critère admet que la rupture du matériau composite n'est atteinte que lorsque l'inégalité suivante est vérifiée :

$$F_{11}\left(\sigma_x\right)^2 + F_{22}\left(\sigma_y\right)^2 + F_{66}\left(\sigma_{yx}\right)^2 + 2F_{12}\,\sigma_y\,\sigma_x + F_1\,\sigma_x + F_2\,\sigma_y \leq 1$$ (III.28-e)

Les paramètres F_{11}, F_{22}, F_{66}, F_{12}, F_1 et F_2 sont donnés par :

$$F_{11} = \frac{1}{\sigma_{xU}\sigma'_{xU}} \; ; \qquad F_{22} = \frac{1}{\sigma_{yU}\sigma'_{yU}} \; ; \qquad F_{66} = \frac{1}{\sigma^2_{yxU}} \; ;$$

$$F_1 = \frac{1}{\sigma_{xU}} - \frac{1}{\sigma'_{xU}} \; ; \qquad F_2 = \frac{1}{\sigma_{yU}} - \frac{1}{\sigma'_{yU}} \; ; F_{12} = -\frac{1}{2}\frac{1}{\sqrt{\sigma_{xU}\sigma'_{xU}\sigma_{yU}\sigma'_{yU}}}$$

(III.28-f)

Où σ_{xU}, σ'_{xU}, σ_{yU}, σ'_{yU} sont les contraintes à rupture en traction et en compression dans les directions longitudinale et transversale du composite. σ_{yxU} est la contrainte à rupture en cisaillement.

Pour un élément coque composite de la structure cylindrique (Figure III.2), les relations contraintes – déformations d'une couche k, pour des matériaux anisotropes, sont données par Berthelot [99] :

$$\begin{Bmatrix} \sigma_z \\ \sigma_\theta \\ \sigma_r \\ \tau_{\theta r} \\ \tau_{zr} \\ \tau_{z\theta} \end{Bmatrix}^{(k)} = \begin{bmatrix} C_{11} & C_{12} & C_{13} & 0 & 0 & C_{16} \\ C_{12} & C_{22} & C_{23} & 0 & 0 & C_{26} \\ C_{13} & C_{23} & C_{33} & 0 & 0 & C_{36} \\ 0 & 0 & 0 & C_{44} & C_{45} & 0 \\ 0 & 0 & 0 & C_{45} & C_{55} & 0 \\ C_{16} & C_{26} & C_{36} & 0 & 0 & C_{66} \end{bmatrix}^{(k)} \begin{Bmatrix} \varepsilon_z - \alpha_z \Delta T \\ \varepsilon_\theta - \alpha_\theta \Delta T \\ \varepsilon_r - \alpha_r \Delta T \\ \gamma_{\theta r} \\ \gamma_{zr} \\ \gamma_{z\theta} \end{Bmatrix}^{(k)}$$

(III.29)

Pour un multicouche, les coefficients de dilatation thermiques α_r, α_θ, α_z sont déterminés par l'expression suivante (Berthelot [99]) :

$$\vec{\alpha}\ \vec{\ }\ \vec{\varepsilon}\ \vec{\alpha}$$

(III.30)

C'est-à-dire

$$\begin{Bmatrix} \alpha_z \\ \alpha_\theta \\ \alpha_r \end{Bmatrix}^{(k)} = \begin{bmatrix} cos\,\varphi^2 & sin\,\varphi^2 & cos\,\varphi\,sin\,\varphi \\ sin\,\varphi^2 & cos\,\varphi^2 & -cos\,\varphi\,sin\,\varphi \\ 1 & 0 & 0 \end{bmatrix}^{(k)} \begin{Bmatrix} \alpha_x \\ \alpha_y \\ \alpha_y \end{Bmatrix}^{(k)}$$

(III.31)

3.2.3 Mise en forme du problème

Les hypothèses, les équations de consistance et d'équilibre ainsi que les lois de comportement des trois constituants de la solution hybride sont définies. Nous pouvons à présent déterminer les expressions des champs de déplacement.

Les contraintes s'expriment pour une couche (k) à l'aide des relations suivantes :

$$\begin{cases} \sigma_z^{(k)} = C_{11}^{(k)}\varepsilon_z + C_{12}^{(k)}\varepsilon_\theta + C_{13}^{(k)}\varepsilon_r + C_{16}^{(k)}\varepsilon_{z\theta} - K_1^{(k)}\Delta T \\ \sigma_\theta^{(k)} = C_{21}^{(k)}\varepsilon_z + C_{22}^{(k)}\varepsilon_\theta + C_{23}^{(k)}\varepsilon_r + C_{26}^{(k)}\varepsilon_{z\theta} - K_2^{(k)}\Delta T \\ \sigma_r^{(k)} = C_{31}^{(k)}\varepsilon_z + C_{32}^{(k)}\varepsilon_\theta + C_{33}^{(k)}\varepsilon_r + C_{36}^{(k)}\varepsilon_{z\theta} - K_3^{(k)}\Delta T \\ \tau_{z\theta}^{(k)} = C_{61}^{(k)}\varepsilon_z + C_{62}^{(k)}\varepsilon_\theta + C_{63}^{(k)}\varepsilon_r + C_{66}^{(k)}\varepsilon_{z\theta} - K_4^{(k)}\Delta T \end{cases} \qquad \text{(III.32)}$$

Avec

$$\begin{cases} K_1^{(k)} = \alpha_z^{(k)}C_{11}^{(k)} + \alpha_\theta^{(k)}C_{12}^{(k)} + \alpha_r^{(k)}C_{13}^{(k)} + \alpha_{z\theta}^{(k)}C_{16}^{(k)} \\ K_2^{(k)} = \alpha_z^{(k)}C_{21}^{(k)} + \alpha_\theta^{(k)}C_{22}^{(k)} + \alpha_r^{(k)}C_{23}^{(k)} + \alpha_{z\theta}^{(k)}C_{26}^{(k)} \\ K_3^{(k)} = \alpha_z^{(k)}C_{31}^{(k)} + \alpha_\theta^{(k)}C_{32}^{(k)} + \alpha_r^{(k)}C_{33}^{(k)} + \alpha_{z\theta}^{(k)}C_{36}^{(k)} \\ K_4^{(k)} = \alpha_z^{(k)}C_{61}^{(k)} + \alpha_\theta^{(k)}C_{62}^{(k)} + \alpha_r^{(k)}C_{63}^{(k)} + \alpha_{z\theta}^{(k)}C_{66}^{(k)} \end{cases} \qquad \text{(III.33)}$$

L'équation (III.5-a) associée au système d'équations (III.3) fournit les équations différentielles des déplacements que doivent vérifier les déplacements radiaux et circonférentiels afin de satisfaire l'équilibre des efforts tant intérieurs qu'extérieurs sur chaque couche (k) :

$$\frac{d^2 U_r^{(k)}}{dr^2} + \frac{1}{r}\frac{dU_r^{(k)}}{dr} - \frac{N_1^{(k)}}{r^2}U_r^{(k)} = [N_2^{(k)}\varepsilon_0 + N_3^{(k)}\Delta T]\frac{1}{r} + N_4^{(k)}\gamma_0 \qquad \text{(III.34-a)}$$

$$\frac{dU_\theta^{(k)}}{dr} - \frac{U_\theta^r}{r} = N_5^{(k)}\left[\frac{A^{(k)}}{r^2} + \frac{B^{(k)}}{r}\right] \qquad \text{(III.34-b)}$$

Avec

$$N_1^{(k)} = \frac{C_{22}^{(k)}}{C_{33}^{(k)}} \qquad N_2^{(k)} = \frac{C_{12}^{(k)} - C_{13}^{(k)}}{C_{33}^{(k)}}$$

$$N_3^{(k)} = \frac{K_3^{(k)} - K_2^{(k)}}{C_{33}^{(k)}} \qquad N_4^{(k)} = \frac{C_{26}^{(k)} - 2\,C_{36}^{(k)}}{C_{33}^{(k)}} \qquad \text{(III.34-c)}$$

$$\alpha_2^{(k)} = \frac{N_2^{(k)}}{1 - N_1^{(k)}} \qquad \alpha_3^{(k)} = \frac{N_3^{(k)}}{1 - N_1^{(k)}}$$

$$\alpha_4^{(k)} = \frac{N_4^{(k)}}{4 - N_1^{(k)}} \qquad N_5^{(k)} = \frac{1}{C_{44}^{(k)} + C_{45}^{(k)}}$$

On note que pour un matériau anisotrope, on a :

$$\frac{C_{22}^{(k)}}{C_{33}^{(k)}} > 0 \text{ et } \frac{C_{22}^{(k)}}{C_{33}^{(k)}} \neq 1 \qquad \text{(III.35)}$$

La solution de (III.34-a) prend, selon la valeur de $\beta^{(k)} = \sqrt{N_1^{(k)}}$, la forme :

Si $\beta^{(k)} = 1$

$$U_r^{(k)} = D^{(k)} r + E^{(k)}/r + r\ln(r)\left(N_2^{(k)}\varepsilon_0 + N_3^{(k)}\Delta T\right) + \alpha_4^{(k)}\gamma_0 r^2 \qquad \text{(III.36-a)}$$

Sinon, si $\beta^{(k)} = 2$:

$$U_r^{(k)} = D^{(k)} r^{\beta^{(k)}} + E^{(k)} r^{-\beta^{(k)}} + \left(N_2^{(k)}\varepsilon_0 + \alpha_3^{(k)}\Delta T\right) r + \frac{N_4^{(k)}}{2}\gamma_0 r^2 \ln(r) \qquad \text{(III.36-b)}$$

Sinon

$$U_r^{(k)} = D^{(k)} r^{\beta^{(k)}} + E^{(k)} r^{-\beta^{(k)}} + \left(N_2^{(k)}\varepsilon_0 + \alpha_3^{(k)}\Delta T\right) r + \alpha_4^{(k)}\gamma_0 r^2 \qquad \text{(III.36-c)}$$

$D^{(k)}$, $E^{(k)}$, γ_0 et ε_0 sont les constantes d'intégrations pour $k \in [1, w]$, où, $w = n_L + n_C + n_m$ est le nombre total de couches de la structure. Afin de prendre en compte une plastification progressive du liner lors du chargement incrémentale, l'épaisseur du liner est discrétisée en n_L sous-couches. Le nombre de couches de composite est donné par n_C et enfin n_m est le nombre de sous-couches de l'intermétallique.

3.2.4 Conditions aux limites

Les conditions aux limites sont d'une part la continuité et la conservation du volume, et d'autre part celles imposées par le chargement. On supposera qu'il n'y a pas de glissement aux interfaces et qu'il y a continuité des contraintes et des déplacements. Ces conditions aux limites permettent de déterminer les constantes d'intégrations introduites postérieurement.

Pour la suite, on introduit les rayons internes et externes $R_{int}(k)$ et $R_{ext}(k)$ de chaque couche k. On note :

$$R_{int}^{(k=1)} = r_0 \quad et \quad R_{ext}^{(k=w)} = r_a \qquad \text{(III.37-a)}$$

❖ La condition de chargement en pression des parois interne et externe, est présentée comme suit :

$$\begin{cases} \sigma_r^{(k=1)}(r = r_0) = -p_0 \\ \sigma_r^{(k=w)}(r = r_a) = 0 \end{cases} \qquad \text{(III.37-b)}$$

où p_0 est la pression interne

$$\begin{cases} \tau_{\theta r}^{(k=1)}(r_0) = \tau_{zr}^{(k=1)}(r_0) \\ \tau_{\theta r}^{(k=w)}(r_a) = \tau_{zr}^{(k=w)}(r_a) \end{cases}$$

(III.37-c)

❖   La condition de continuité des déplacements radiaux se traduit par la relation :

$$\forall k \in [1, w-1], \quad U^{(k)}(r_{ext}) = U^{(k+1)}(r_{ext})$$

(III.37-d)

❖   La condition de continuité des contraintes radiales est exprimée par :

$$\begin{cases} \forall k \in [1, w-1], \quad \sigma_r^{(k)}(r_{ext}) = \sigma_{ext}^{(k+1)}(r_{ext}) \\ \tau_{zr}^{(k)}(r_{ext}) = \tau_{zr}^{(k+1)}(r_{ext}) \\ \tau_{\theta r}^{(k)}(r_{ext}) = \tau_{\theta r}^{(k+1)}(r_{ext}) \end{cases}$$

(III.37-e)

❖   La condition d'équilibrage des forces axiales – pression interne avec effet de fond :

$$2\pi \sum_{k=1}^{w} \int_{r_{k-1}}^{r_k} \sigma_z^{(k)}(r) \, r \, dr = \pi r_0^2 \, p_0$$

(III.37-f)

❖   L'équilibre du couple de torsion :

$$2\pi \sum_{k=1}^{w} \int_{r(k-1)}^{r(k)} \tau_{z\theta}(r) \, r^2 dr = 0$$

(III.37-g)

Les conditions aux limites, nous permettent d'écrire :

$$\begin{cases} \tau_{\theta r}(r) = 0 \\ \tau_{zr}(r) = 0 \end{cases} \quad \text{et} \quad \begin{cases} \varepsilon_{\theta r}(r) = 0 \\ \varepsilon_{zr}(r) = 0 \end{cases}$$

(III.38)

La substitution de l'équation (III.38) dans l'équation (III.6) permet de déduire les constantes d'intégrations :

$$A(r) = B(r) = 0$$

(III.39)

Ce qui nous permet d'écrire la solution de U_θ comme suit :

$$U_\theta = \gamma_0 \, r \, z$$

(III.40)

Pour w ($w = n_L + n_C + n_m$) couches de la solution hybride, le nombre d'inconnues, où constantes d'intégration du système à résoudre est 2 (w+1) ; il s'agit de $D(r)$, $E(r)$, γ_0 et

91

ε_0 pour $k \in \llbracket 1, w \rrbracket$. Dans la suite, on s'attache à écrire les composantes de la matrice A et du vecteur B du problème linéaire équivalent tel que :

$$X = A^{-1} B \qquad \text{(III.41)}$$

Avec X qui définit le vecteur des constantes d'intégration du système.

$$X = \begin{pmatrix} {}^C D {}^C \dots D {}^C & E {}^C E {}^C \dots E {}^C & \varepsilon_0 & \gamma_0 \end{pmatrix} \qquad \text{(III.42)}$$

Pour une structure cylindrique de six couches, le système (III.41) peut être écrit de façon détaillée :

$$
\begin{pmatrix} D^1 \\ D^2 \\ D^3 \\ D^4 \\ D^5 \\ D^6 \\ E^1 \\ E^2 \\ E^3 \\ E^4 \\ E^5 \\ E^6 \\ \varepsilon_0 \\ \gamma_0 \end{pmatrix}
=
\begin{bmatrix}
d_{11} & 0 & 0 & 0 & 0 & 0 & e_{11} & 0 & 0 & 0 & 0 & 0 & a_{11} & a_{12} \\
d_{21} & d_{22} & 0 & 0 & 0 & 0 & e_{21} & e_{22} & 0 & 0 & 0 & 0 & a_{21} & a_{22} \\
0 & d_{32} & d_{33} & 0 & 0 & 0 & 0 & e_{32} & e_{33} & 0 & 0 & 0 & a_{31} & a_{32} \\
0 & 0 & d_{43} & d_{44} & 0 & 0 & 0 & 0 & e_{43} & e_{44} & 0 & 0 & a_{41} & a_{42} \\
0 & 0 & 0 & d_{54} & d_{55} & 0 & 0 & 0 & 0 & e_{54} & e_{55} & 0 & a_{51} & a_{52} \\
0 & 0 & 0 & 0 & d_{65} & d_{66} & 0 & 0 & 0 & 0 & e_{65} & e_{66} & a_{61} & a_{62} \\
d_{71} & d_{72} & 0 & 0 & 0 & 0 & e_{71} & e_{72} & 0 & 0 & 0 & 0 & a_{71} & a_{72} \\
0 & d_{82} & d_{83} & 0 & 0 & 0 & 0 & e_{82} & e_{83} & 0 & 0 & 0 & a_{81} & a_{82} \\
0 & 0 & d_{93} & d_{94} & 0 & 0 & 0 & 0 & e_{93} & e_{94} & 0 & 0 & a_{91} & a_{92} \\
0 & 0 & 0 & d_{104} & d_{105} & 0 & 0 & 0 & 0 & e_{104} & e_{105} & 0 & a_{101} & a_{102} \\
0 & 0 & 0 & 0 & d_{116} & d_{116} & 0 & 0 & 0 & 0 & e_{116} & e_{116} & a_{111} & a_{112} \\
0 & 0 & 0 & 0 & 0 & d_{126} & 0 & 0 & 0 & 0 & 0 & e_{126} & a_{121} & a_{122} \\
d_{131} & d_{132} & d_{133} & d_{134} & d_{135} & d_{136} & e_{131} & e_{132} & e_{133} & e_{134} & e_{135} & e_{136} & a_{131} & a_{132} \\
d_{141} & d_{142} & d_{143} & d_{144} & d_{145} & d_{146} & e_{141} & e_{142} & e_{143} & e_{144} & e_{145} & e_{146} & a_{141} & a_{142}
\end{bmatrix}
\begin{pmatrix} -p_0 \\ 0 \\ 0 \\ 0 \\ 0 \\ 0 \\ 0 \\ 0 \\ 0 \\ 0 \\ 0 \\ 0 \\ r_0^2 p_0/2 \\ 0 \end{pmatrix}
$$

Après la détermination des paramètres d_{ij}, e_{ij} et a_{ij} selon les conditions aux limites, on détermine le déplacement radial à partir des équations (III.36-a), (III.36.-b), (III.36-c), et les déformations et les contraintes à partir des équations (III.3) et (III.32) respectivement.

3.3 Algorithme de résolution

La procédure de résolution analytique du comportement mécanique de la solution hybride est présentée par la figure III.3. Cette procédure inclut en premier lieu les données matérielles des trois constituants de la solution, le calcul des matrices de rigidité, les coefficients de dilatation thermique dans le repère cylindrique pour le cas du composite et enfin tout les paramètres liés à l'équation différentielle du déplacement.

Cette section se concentre sur l'algorithme de calcul qui a été développé au cours de ce travail pour enfin résoudre le système linéaire (III.40), comme l'indique la figure III.3.

Pour la prise en considération des changements qui peuvent affectés les propriétés du liner lors de sa plastification, on procède à un chargement incrémental. Tout d'abord, il est intéressant de noter que non seulement le composite présente un empilement de couches, mais que le liner et l'intermétallique sont également subdivisés en sous-couches. Cette subdivision de la partie liner a pour but d'envisager un ajustement progressif de l'écoulement plastique et de contrôler précisément le seuil de plasticité.

On applique le chargement pas à pas et on vérifie à chaque fois l'état de la contrainte de von Mises. Initialement, le liner est caractérisé par une déformation élastique, une fois que l'état de contrainte dépasse la limite élastique ou le seuil plastique du liner, une plastification se produit. On réajuste le tenseur de rigidité par l'ajout de la contribution plastique.

Pour l'intermétallique, l'application de la pression de chargement est suivie par un chargement thermique, qui simule un gonflement dû à l'absorption d'hydrogène en cas de fuite.

Pour le composite, le programme vérifie à chaque incrémentation l'état du critère de Tsai-Wu, s'il est vérifié ou pas. Ce qui nous permet d'estimer la pression d'éclatement de la solution de stockage.

Comme décrit dans l'introduction de ce chapitre et par le biais du modèle, notre démarche de résolution se focalise sur le traitement des points suivants :

❖   En premier lieu, une analyse de l'effet du mode de polymérisation lors de la cuisson sur la géométrie de la solution de stockage, en termes de déformations et déplacements. Ce premier point se résume à estimer le gap qui se cré lors de la phase de refroidissement, ainsi que les contraintes résiduelles d'origines thermiques créées dans la partie composite. Une estimation de la pression interne nécessaire de fermeture du gap est développée au cours de cette première démarche.

❖   La pression de fermetture ramène le liner à un état plastique, ce qui permet de l'écraser sur le composite et assurer la continuité des constituants de la solution hybride. Cette mise en plastification permet de réduire les contraintes résiduelles d'origine thermique.

❖   En deuxième lieu, la prise en compte de ces résultats, nous conduit à une analyse mécanique de la solution de stockage lors d'un chargement de pression interne avec effet de fond.

❖   Enfin, le modèle, permet de simuler l'effet du gonflement de l'intermétallique sur les autres constituants de la solution hybride par analogie thermique.

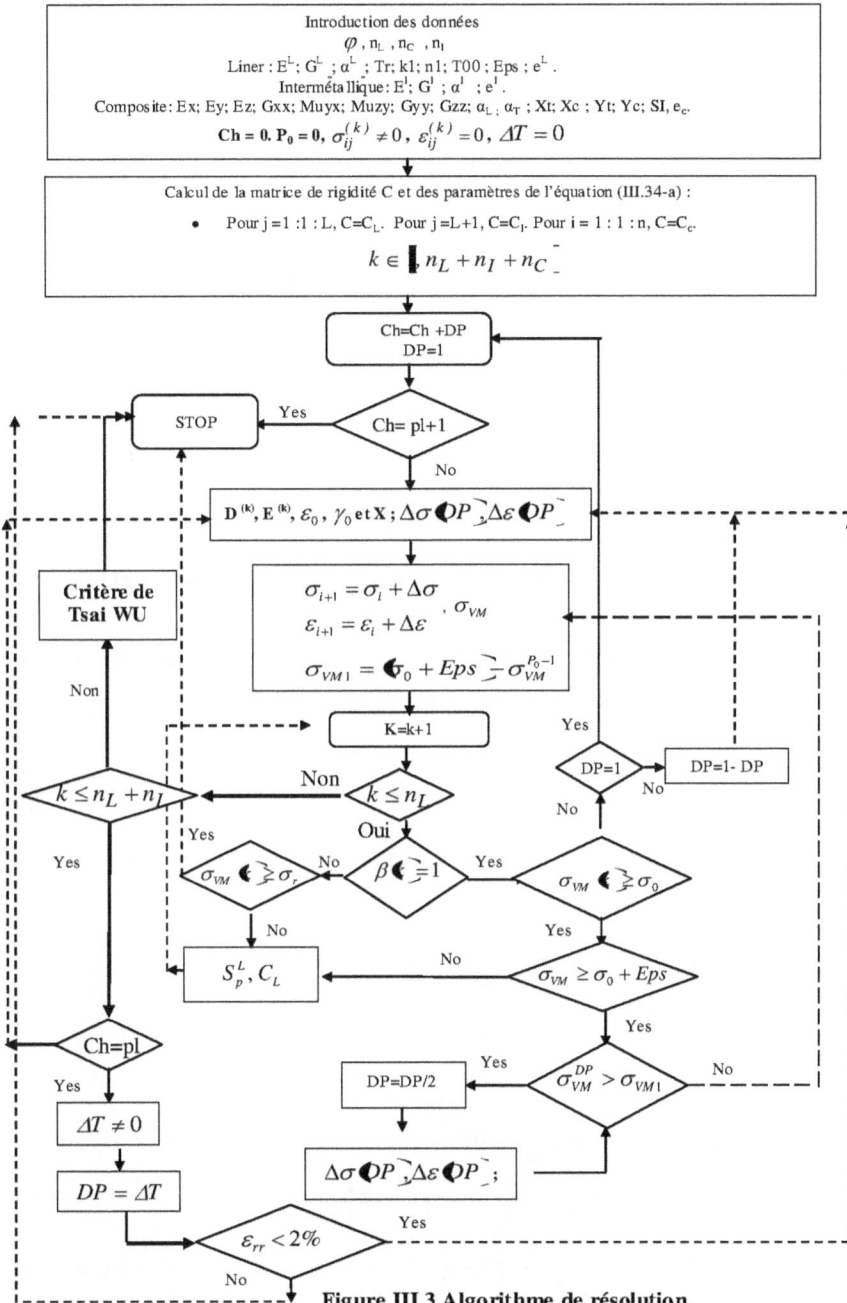

Figure III.3 Algorithme de résolution.

The flowchart contains the following text elements:

Introduction des données
φ , n_L , n_C , n_I
Liner : E^L ; G^L ; α^L ; Tr; k1; n1; T00 ; Eps ; e^L .
Intermétallique : E^I ; G^I ; α^I ; e^I .
Composite: Ex; Ey; Ez; Gxx; Muyx; Muzy; Gyy; Gzz; α_{L} ; α_T ; Xt; Xc ; Yt; Yc; SI, e_c.
$Ch = 0$. $P_0 = 0$, $\sigma_{ij}^{(k)} \neq 0$, $\varepsilon_{ij}^{(k)} = 0$, $\Delta T = 0$

Calcul de la matrice de rigidité C et des paramètres de l'équation (III.34-a) :
• Pour j =1 :1 : L, C=C_L. Pour j =L+1, C=C_I. Pour i = 1 : 1 :n, C=C_c.
$k \in \llbracket 1, n_L + n_I + n_C \rrbracket$

Ch=Ch +DP
DP=1

STOP

Yes

Ch= pl+1

No

$D^{(k)}, E^{(k)}, \varepsilon_0, \gamma_0$ et X ; $\Delta\sigma (OP), \Delta\varepsilon (OP)$

$\sigma_{i+1} = \sigma_i + \Delta\sigma$
$\varepsilon_{i+1} = \varepsilon_i + \Delta\varepsilon$, σ_{VM}
$\sigma_{VM1} = (\sigma_0 + Eps)^{P_0-1} \sigma_{VM}^{P_0-1}$

Critère de
Tsai WU

Non

K=k+1

Yes

DP=1   DP=1- DP

No

$k \leq n_L + n_I$ Non $k \leq n_I$ No

Yes   Oui

$\sigma_{VM} (\geq) \sigma_r$ No $\beta (=)1$ Yes $\sigma_{VM} (\geq) \sigma_0$

No   Yes

S_p^L, C_L No $\sigma_{VM} \geq \sigma_0 + Eps$

Ch=pl

Yes   Yes

$\Delta T \neq 0$ DP=DP/2   Yes $\sigma_{VM}^{DP} > \sigma_{VM1}$ No

$DP = \Delta T$

$\Delta\sigma (OP), \Delta\varepsilon (OP)$;

$\varepsilon_{rr} < 2\%$ Yes

No

3.4 Conclusion

Ce chapitre a été consacré à la présentation du modèle développé au cours de ce travail et ayant vocation à décrire la réponse d'une structure de stockage d'hydrogène. Cette dernière est constituée de deux enveloppes métalliques (liner et intermétallique) renforcées par un enroulement composite.

Le modèle permet d'analyser l'effet de la polymérisation sur la structure, où des variations dimensionnelles se présentent lors du refroidissement. Ces variations induisent un gap entre le liner et le composite, et font naître des contraintes résiduelles d'origines thermiques au niveau du composite.

La deuxième démarche traitée à l'aide du modèle concerne l'analyse mécanique de la réponse de la structure lorsque le liner suit une loi d'écoulement élastoplastique (critère de Hill), l'intermétallique et le composite suivent une loi élastique. La rupture du composite est prévue par le biais du critère de Tsaï-Wu.

Le chapitre IV est consacré à la présentation et l'interprétation des résultats expérimentaux, numériques et analytiques du réservoir métallique renforcé par un enroulement filamentaire, c'est-à-dire le réservoir de « Type III ». Une approche numérique sous ANSYS11 permettra de renforcer la validité du modèle.

4.1 Introduction

Dans ce chapitre, nous analysons les résultats analytiques obtenus par simulation du comportement d'un réservoir de « Type III ». Cette première partie traite de l'effet de la polymérisation sur le réservoir de stockage « Type III », en déterminant le gap créé entre le liner et la partie composite, ainsi que les contraintes résiduelles d'origine thermique. Nous nous intéressons ensuite à la réponse de la structure en termes de déformations et de contraintes au travers de la paroi lors d'une sollicitation en pression.

Dans un second temps, nous présentons un travail complémentaire concernant la simulation par méthode éléments finis, sous ANSYS 11, du comportement du réservoir. La confrontation de ces deux approches est ensuite envisagée et comparée aux résultats expérimentaux du chapitre II.

4.2 Résultats du modèle analytique

4.2.1 Effet du mode de polymérisation sur le réservoir

L'élaboration des réservoirs composites multicouches à matrice thermodurcissable enrobées sur un liner métallique font généralement appel à un cycle thermique destiné à polymériser la résine de l'empilement des couches de préimprégné. Au cours de ces étapes, les différents composants matériels de la structure subissent des variations dimensionnelles. Lors du refroidissement du réservoir à la température ambiante, des contraintes thermiques résiduelles se développent dans les couches composites et un espace (gap) peut apparaître entre le liner et le composite suivant la séquence d'empilement. On présente ici les résultats prédictifs obtenus lors d'un chargement thermique, i.e. au cours de la phase de refroidissement.

Deux séries de séquences d'empilements sont étudiées $[\pm\varphi]_3^-$ (série 1) et $[\pm\varphi]_2^- + [0]_2^-$ (série 2), où φ est l'angle d'orientation des fibres au niveau de chaque couche composite et l'ordre d'empilement de chaque couche est pris de l'intérieur vers l'extérieur.

Pour chaque série, nous optons pour un intervalle d'angle d'enroulement compris entre 30° et 75°, avec un pas de 5°. La géométrie est caractérisée par un rayon interne de 33 mm, une épaisseur de 2 mm de liner et une épaisseur de 0.27 mm pour chaque couche de composite. On note que le chargement thermique est un gradient de température de $\Delta T = -120$ °C, qui représente la phase de refroidissement lors de la polymérisation.

Pour l'analyse des contraintes résiduelles, on opte pour les quatre premiers types de séquences composites définis au cours du chapitre II dans le tableau II.5

4.2.1.1 Gap et pression interne de fermeture

La figure IV.1 présente la variation du gap en fonction de l'angle d'enroulement pour les séries d'empilements $[\pm \varphi]_3$ et $[\pm \varphi_2 + 0_2]$. D'après la figure IV.1, on remarque que le gap maximal est obtenu pour une orientation de 60°, pour les deux séries, et sa valeur est de l'ordre de 0.115 mm pour la série 1 et 0.104 mm pour la série 2. Bien évidemment, la pression interne nécessaire à la fermeture du gap entre l'empilement composite et le liner métallique suit la même tendance que le gap, comme l'indique la figure IV.2. Cette pression est estimée en déterminant la pression nécessaire à un déplacement du liner seul égale au gap. La pression interne nécessaire est maximale pour le même angle que précédemment et elle prend une valeur de l'ordre de 108 bars, pour la série 1 et de 97.5 bars pour la série 2.

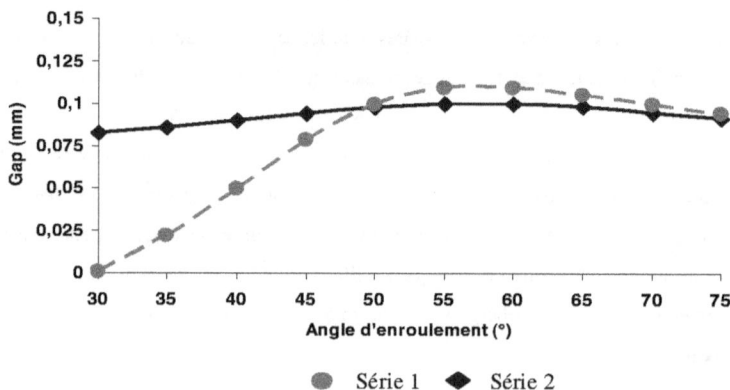

Figure IV.1 : Variation du gap en fonction de l'angle d'enroulement.

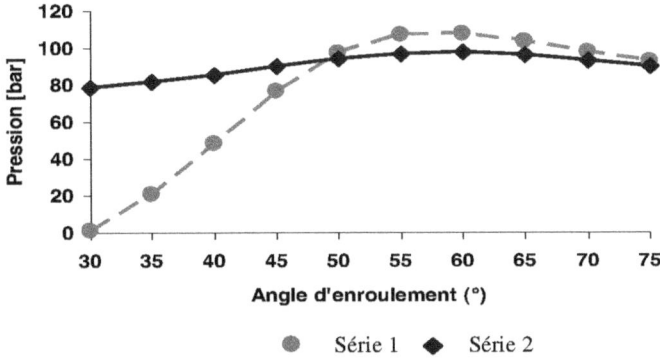

● Série 1   ◆ Série 2

**Figure IV.2 : Variation de la pression interne nécessaire à la fermeture du gap
en fonction de l'angle d'enroulement.**

Cette pression calculée permet de fermer le gap, mais elle ne l'élimine pas complètement lors d'un relâchement de la pression. D'après les remarques enregistrées dans l'analyse expérimentale, il faut que le liner soit suffisamment plastifié afin d'éviter tout retour lors d'un déchargement.

4.2.1.2 Contraintes résiduelles thermiques

Les figures IV.3 et IV.4 présentent la variation des contraintes thermiques axiales et circonférentielles à travers l'épaisseur pour les quatre séquences d'empilement.

D'après la figure IV.3, on remarque une discontinuité de variation en passant d'une couche composite à une autre pour les deux séquences 1 et 2. Cette discontinuité est due principalement à l'angle d'enroulement φ. Le caractère antisymétrique de la Seq1, par rapport au plan moyen du composite, est répercuté sur l'allure des deux contraintes, par rapport en rayon moyen r=30.81 mm. La même remarque caractérise la Seq2, pour les quatre premières couches. La présence des deux couches orientées à 90° dans la Seq2 a permis de réduire considérablement l'effet d'expansion volumique du réservoir et de mettre les quatre premières couches en compression, ce qui n'est pas le cas pour la Seq1. Par rapport aux autres contraintes mécaniques, la contrainte circonférentielle, d'origine thermique, peut être responsable d'un endommagement et entraîner l'apparition de microfissures au niveau de la matrice. Les mêmes constats sont faits pour la Seq3 et la Seq4, avec des amplitudes différentes, comme l'indique la figure IV.4.

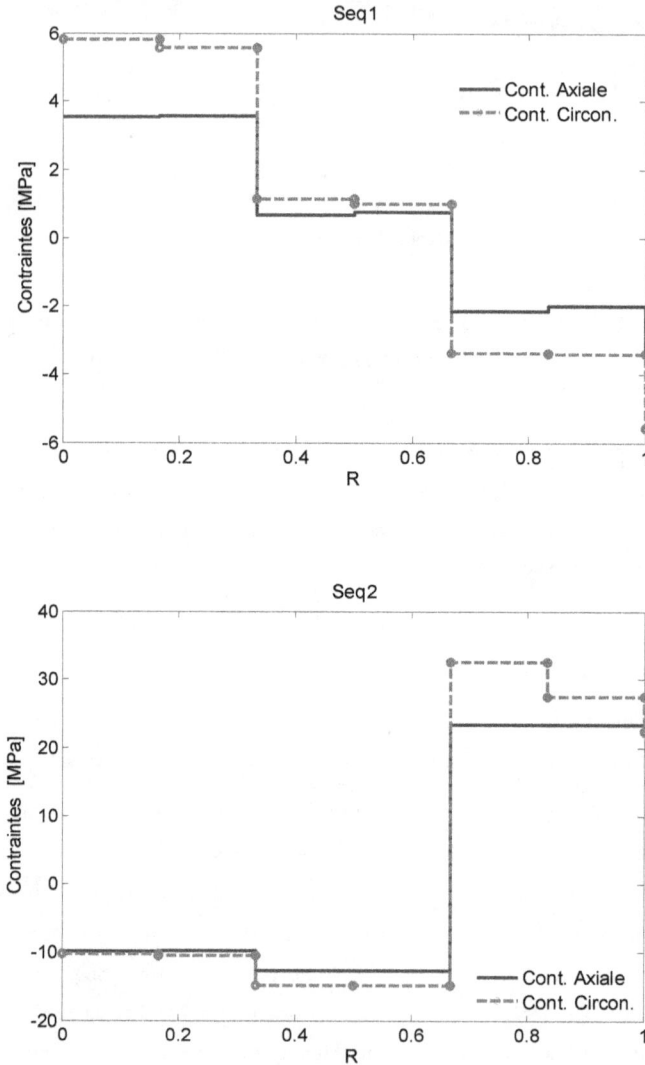

Figure IV.3 : Distribution des contraintes circonférentielles et axiales thermiques à travers la paroi du réservoir pour les Seq1 et Seq2.

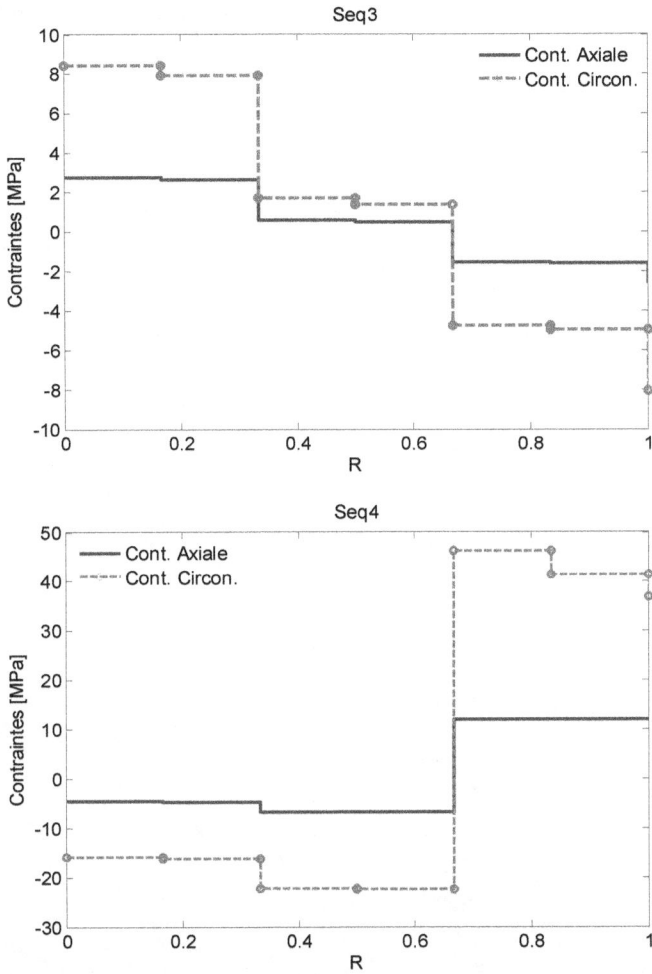

Figure IV.4 : Distribution des contraintes circonférentielles et axiales thermiques à travers la paroi du réservoir pour les Seq3 et Seq4.

La figure IV.5 présente la variation de la contrainte radiale à travers l'épaisseur de la paroi du réservoir. D'après cette figure, on remarque que la Seq2 et la Seq4 sont un état de compression, contrairement aux séquences Seq1 et Seq3.

Cette différence de comportement est due principalement à la présence de l'orientation 90°. La contrainte au niveau des parois interne et externe prend une valeur nulle, qui représente parfaitement les conditions aux limites de cette étude.

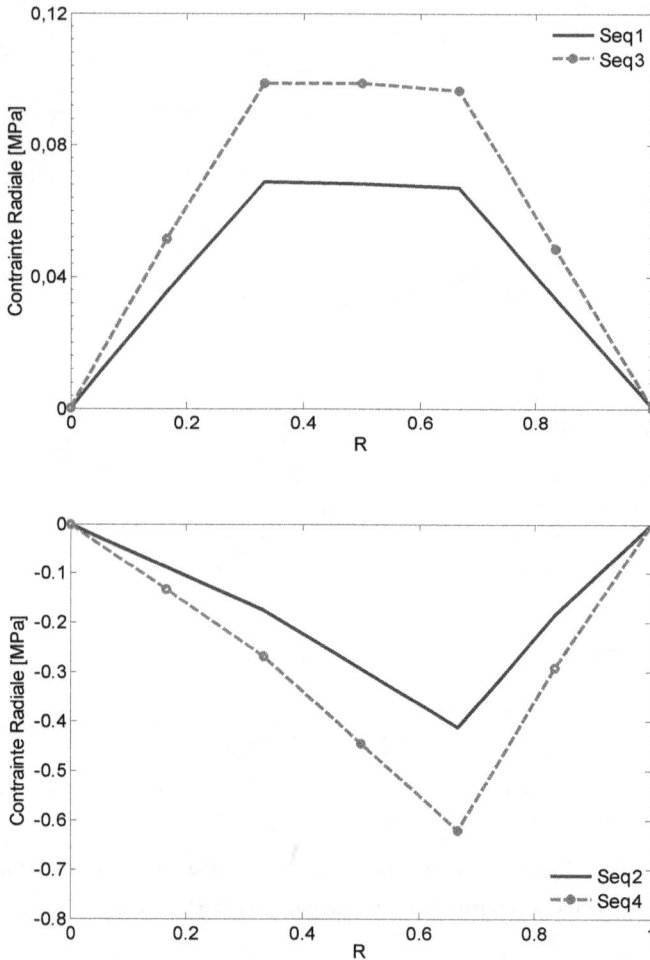

Figure IV.5 : Distribution de la contrainte radiale à travers la paroi du réservoir.

La figure IV.6 présente la variation de la contrainte de cisaillement à travers la direction radiale de la partie cylindrique du réservoir. Les quatre séquences présentent une alternance de variation aux niveaux des interfaces. Cette alternance est due principalement à l'effet de l'orientation des fibres composites. La contrainte de cisaillement prend une valeur nulle pour les couches circonférentielles. La présence des enroulements circonférentielles favorise l'accroissement des contraintes de cisaillement au niveau de la structure composite.

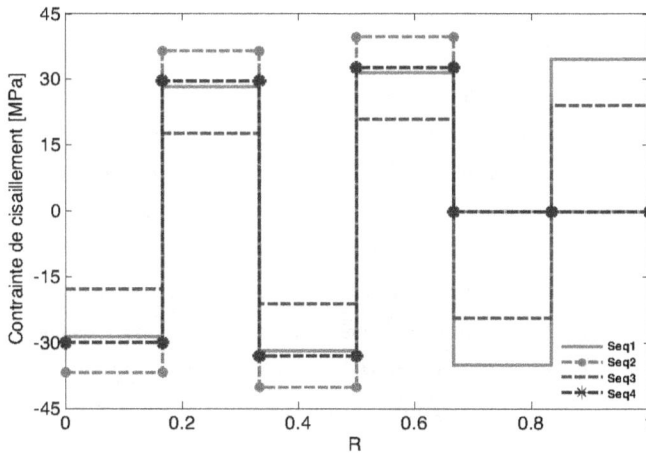

Figure IV.6 : Distribution de la contrainte de cisaillement à travers la paroi du réservoir.

Cette première démarche d'étude a été consacrée à la détermination des effets de la polymérisation sur la solution de stockage d'hydrogène. Le premier effet est le gap, qui a été déterminé pour deux types de séries d'empilement $[\varphi]_{-3}$ et $[\varphi]_{-2} + [0]_{-2}$, ainsi que la pression interne nécessaire à le fermer.

Le deuxième effet est l'apparition de contraintes résiduelles d'origine thermique, due à la phase de refroidissement dans la partie composite. Quatre séquences d'empilements ont été analysées.

Le comportement des structures composites sous un chargement thermique est lié principalement au choix de l'angle d'enroulement. Les résultats obtenus ont montrés que l'amplitude estimée des contraintes thermiques est bien inférieure à celle due à un chargement mécanique. La présence des enroulements circonférentielles favorise l'accroissement des contraintes thermiques de cisaillement.

4.2.2 Analyse mécanique

Pour cette deuxième étape, on va procéder à l'analyse du comportement mécanique de la section cylindrique du réservoir liner/composite en s'appuyant sur les conclusions de l'analyse expérimentale.

4.2.2.1 Déplacement radial

La figure IV.7 présente la variation du déplacement radial à travers l'épaisseur pour les quatre séquences d'empilement. D'après ces résultats, toutes les séquences sont caractérisées par une allure linéaire identique, pour laquelle le déplacement radial prend une valeur maximale au niveau de la paroi interne et décroît progressivement jusqu'à la paroi externe. Cette décroissance est due à la rigidité de la structure.

Les résultats montrent que le déplacement radial décroît avec l'accroissement de l'angle d'enroulement. L'enroulement ±60° présente un meilleur comportement en termes de déplacement que celui de ±50° et la présence de 90° a permis de diminuer davantage le déplacement dans les deux types d'enroulements.

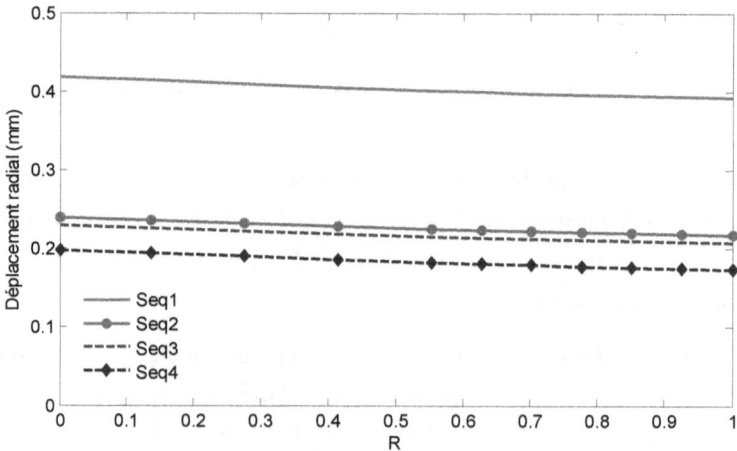

Figure IV.7 : Distribution du déplacement radial à travers la paroi du réservoir.

4.2.2.2 Analyse des contraintes

Les figures IV.8, IV.9, IV.10 et IV.11 présentent la distribution des contraintes axiale, circonférentielle, radiale et de cisaillement σ_{zz}, $\sigma_{\theta\theta}$, σ_{rr} et $\tau_{z\theta}$ respectivement à travers l'épaisseur de la paroi du réservoir. Il est clair que l'effet de l'angle d'enroulement des couches composite est déterminant sur le comportement mécanique du réservoir de stockage d'hydrogène.

➢ *Contrainte axiale*

Comme l'indique la figure IV.8, une discontinuité de variation caractérise l'allure de la contrainte axiale au niveau des interfaces. Une stabilité de la contrainte est notée au niveau du liner due à son comportement isotrope. L'effet de l'angle d'enroulement des couches composites est considérable sur le comportement total de la structure. Le composite est beaucoup plus sollicité en traction que le liner et au niveau du composite, le passage de 50° à 60° a permis de réduire la contrainte axiale.

Comme première remarque, on note que la Seq1 est caractérisée par un changement brutal, en passant de 44 MPa au niveau du liner métallique à une valeur de l'ordre de 330 MPa au niveau du composite, ce qui vas engendrer une zone concentration de contrainte. Par contre, la Seq3 est caractérisée par une variation équilibrée en passant de 148 MPa au niveau du liner à 206 MPa au niveau du composite.

La présence de 90° dans les séquences d'empilement a induit une surcharge du liner, où une augmentation de la contrainte est prévue. Par contre, au niveau du composite, la situation est différente selon l'angle d'enroulement, soit un abaissement ou une légère élévation.

Au niveau des deux dernières couches orientées à 90°, une chute considérable de la contrainte axial est simulée, ces deux couches servent peu ou pas à la tenue à l'effet de fond.

➢ *Contrainte circonférentielle*

Une allure presque identique à celle de la contrainte axiale caractérise la contrainte circonférentielle à travers la paroi du réservoir, avec des grandeurs de contraintes plus ou moins importantes (figure IV.9). Le renforcement de la structure de stockage par 90° influe sur l'ordre de grandeur des contraintes au niveau du composite, où on remarque un allègement de la structure pour la Seq1. Enfin, les couches circonférentielles sont beaucoup sollicitées par rapport aux autres, mais cela n'influe pas sur la rigidité de la structure.

L'objectif de la présence de 90° au niveau de la partie cylindrique est de réduire l'expansion circonférentielle, qui peut être la cause principale de la ruine des réservoirs de stockage.

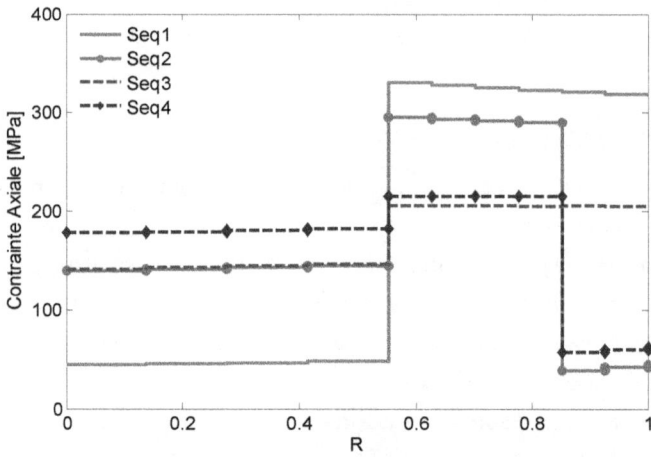

Figure IV.8 : Distribution de la contrainte axiale à travers la paroi.

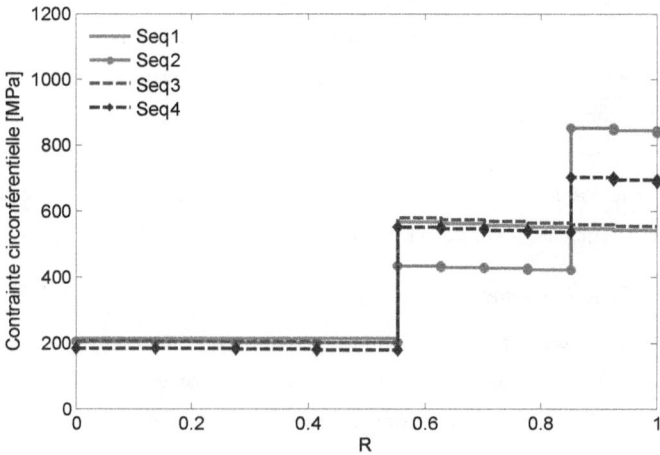

Figure IV.9 : Distribution de la contrainte circonférentielle à travers la paroi.

➢   *Contrainte radiale*

La figure IV.10 présente l'allure de la contrainte radiale à travers la paroi de la structure de stockage. La structure est soumise à un état de compression due à l'effet de la pression interne, qui atteint 40 MPa au niveau de la paroi interne et 0 MPa au niveau de la paroi externe. Ces dernières correspondent parfaitement aux conditions aux limites imposées.

L'allure de la contrainte radiale est caractérisée par une variation linéaire pour les deux parties liner et composites, cela est vraie pour les quatre séquences d'empilement.

On remarque aussi que la pente de la contrainte radiale en fonction du rapport non dimensionnel R est différente le long de l'épaisseur. Cette pente correspond à la rigidité de chaque constituant de la solution de stockage.

La présence de 90° dans les Seq2 et Seq4 a permis de comprimer davantage la structure de stockage, ce qui aura un effet positif sur sa rigidité.

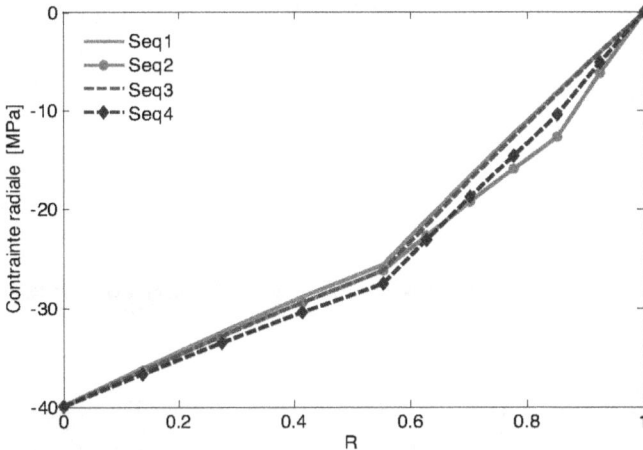

Figure IV.10 : Distribution de la contrainte radiale à travers la paroi.

➢   *Contrainte de cisaillement*

L'allure de la contrainte de cisaillement $\tau_{z\theta}$ à travers la paroi du réservoir est représentée par la figure IV.11. Cette allure est identique pour les quatre empilements, où on remarque que la contrainte de cisaillement prend des valeurs nulles pour les matériaux considérés comme isotrope (liner) et isotrope transverse (couches à 90°),

La discontinuité de variation au niveau des couches composite, en passant d'une valeur positive à une valeur négative est en concordance avec le signe d'angle d'enroulement de ces couches composites. On note aussi que l'augmentation de l'angle d'enroulement permet de réduire l'effet de cisaillement, ce qui est justifié par les couches orientées à 60° qui résistent mieux à l'effet de cisaillement que les couches orientées à 50°.

Par rapport aux résultats d'effet thermique (figure IV.6), le renforcement par des couches circonférentielles permet de réduire les états de contraintes de cisaillement lors d'un chargement mécanique.

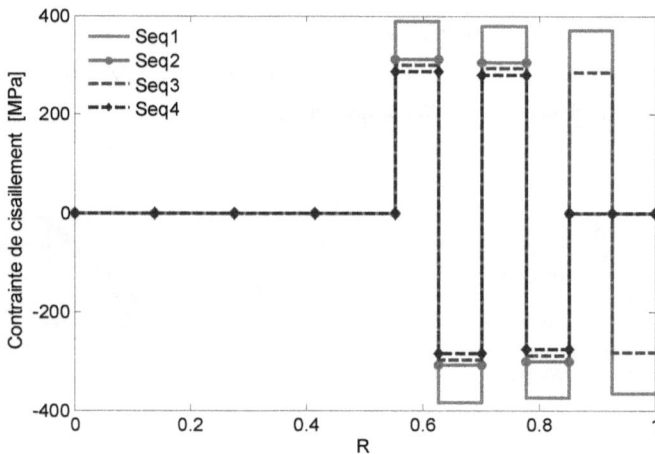

Figure IV.11 : Distribution de la contrainte de cisaillement à travers la paroi.

4.3.2.3 Analyse des déformations

Les figures IV.12, IV.13 et IV.14 indiquent la variation des déformations axiale, circonférentielle et radiale à travers l'épaisseur de la paroi du réservoir de stockage.

➢ *Déformation axiale*

La déformation axiale le long de l'épaisseur représentée par la figure IV.12 est caractérisée par une allure constante, en accord avec les hypothèses du modèle de comportement. Toutes les séquences sont caractérisées par une expansion dans le sens axial, sauf la Seq1, qui se rétrécie et favorise une expansion circonférentielle supérieure par rapport aux autres. Cela a une influence sur la rigidité de la structure et favorise l'apparition de l'endommagent pour de faibles pressions.

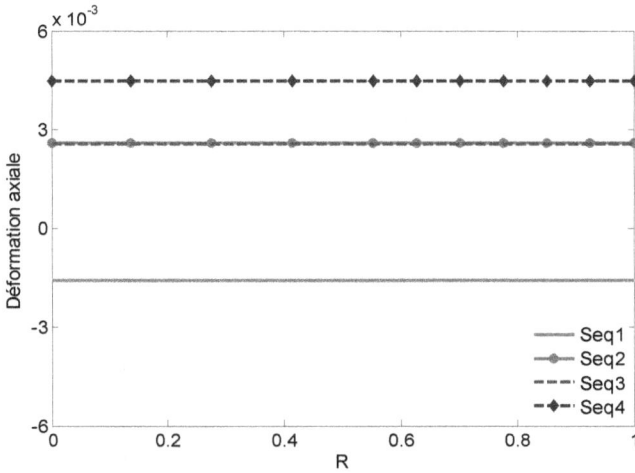

Figure IV.12 : Distribution de la déformation axiale à travers la paroi.

➢ *Déformation circonférentielle*

La figure IV.13 montre que l'allure de la déformation circonférentielle pour les quatre séquences est similaire à l'allure du déplacement radial. La variation de la déformation circonférentielle est linéaire décroissante le long de l'épaisseur. Cela confirme que le liner est beaucoup plus déformé que le composite. Par rapport aux autres séquences, la Seq4 est moins sollicitée en termes de déformation.

Ce constat est justifiable si on compare les deux figures IV.12 et IV.13, où la séquence la moins sollicitée en axiale est la plus chargée en circonférentielle. Cela permet d'optimiser les séquences les moins sollicitées en circonférentielle, où l'effet circonférentielle est supérieur par rapport à l'effet axial.

➢ *Déformation radiale*

La déformation radiale présentée par la figure IV.14, indique que l'allure du comportement des quatre séquences est identique, et elles subissent des variations discontinues le long de l'épaisseur.

Le signe négatif de la déformation montre que toute la structure dans cette direction est soumise à un chargement de compression. La Seq3 est caractérisée par une faible déformation par rapport aux autres séquences de cette analyse.

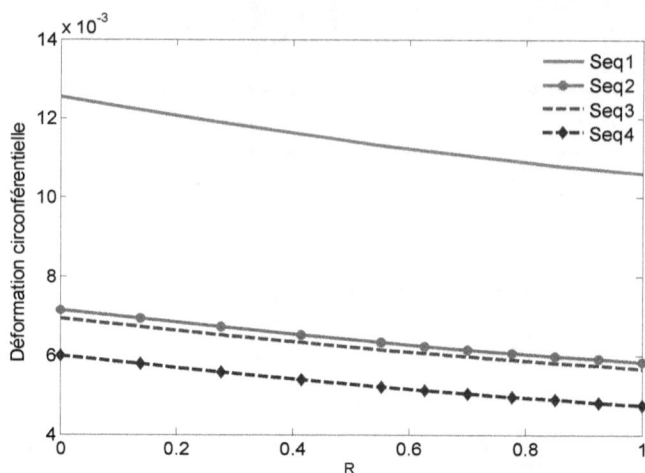

Figure IV.13 : Distribution de la déformation circonférentielle à travers la paroi.

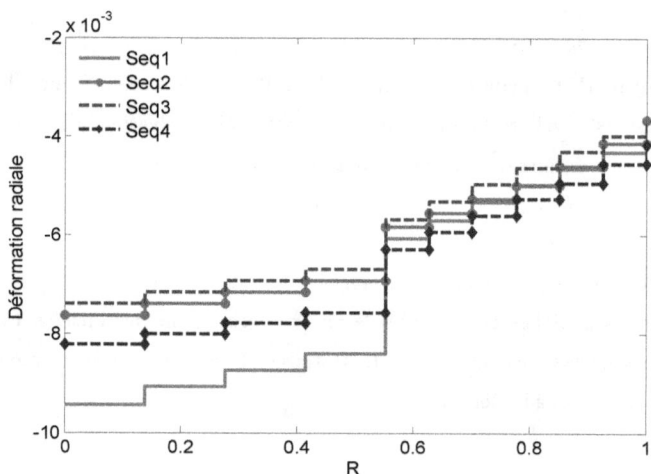

Figure IV.14 : Evolution de la déformation radiale à travers la paroi.

4.2.2.4 Analyse des déformations et contraintes équivalentes au niveau du liner

Avant d'analyser les résultats obtenus pour les séquences choisies pour ce travail, on présente une comparaison entre les résultats de notre modèle et ceux de Rambaud [65]. On remarque d'après la figure IV.15, que les allures sont presque identiques au cours de la phase élastique, bien qu'il y'ait une différence de 2.5 GPa entre les deux modules d'Young. On note que les allures sont identiques, ce qui permet de valider une partie du modèle élaboré.

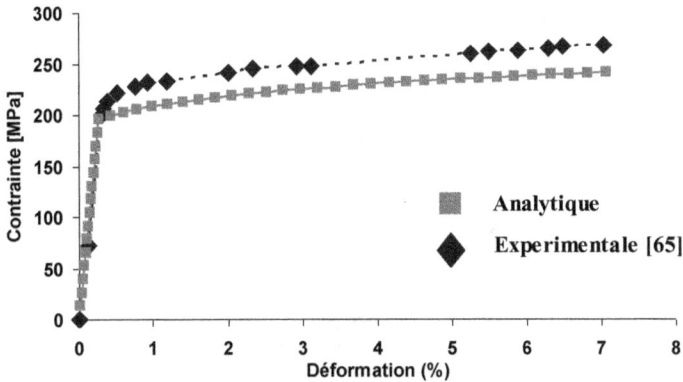

Figure IV.15 : Loi de comportement du liner.

Les deux représentations des figures IV.16 et IV.17 indiquent l'évolution de la contrainte équivalente en fonction de la déformation équivalente du liner métallique. Ces deux représentations reflètent le comportement élastoplastique du liner lors du chargement, où sa limite élastique est 200 MPa et la limite à la rupture est 250 MPa. La première remarque est que pour le même chargement de pression, le taux de déformation équivalente pour l'enroulement 60° est inférieur à celui de 50°. La présence des couches circonférentielles dans les séquences d'empilement a permis de réduire la déformation équivalente dans les deux situations d'enroulement.

Les allures sont caractérisées par une évolution linéaire, qui correspond à la phase élastique du liner, jusqu'à atteindre le seuil de plasticité. L'ajustement de la matrice de souplesse, comme l'indique l'organigramme III.1, permet d'avoir une allure qui reflète le comportement plastique de l'enveloppe métallique.

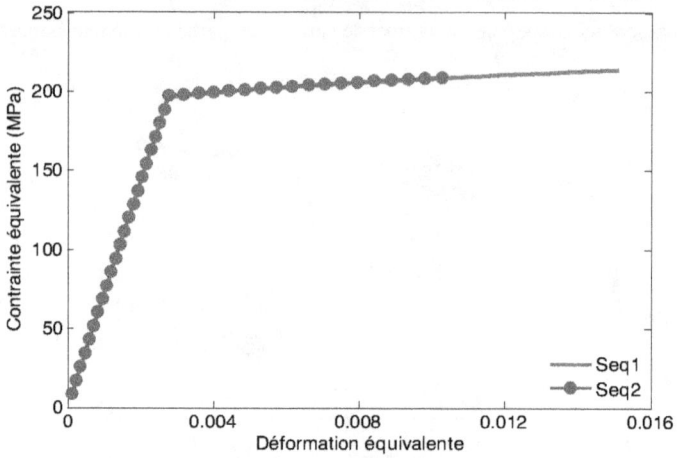

Figure IV.16 : Evolution de la contrainte équivalente en fonction déformation équivalente pour $[\pm 50\,\overline{]}_3$ **et** $[\pm 50\,\overline{]}_2 + [0\,\overline{]}_2$.

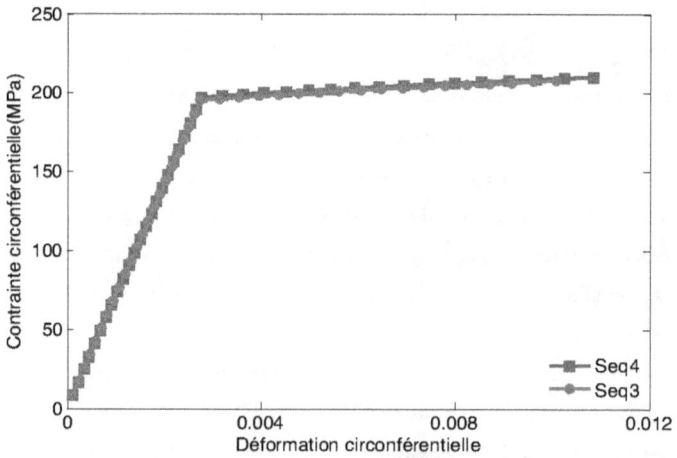

Figure IV.17 : Evolution de la contrainte équivalente en fonction déformation équivalente pour $[\pm 60\,\overline{]}_3$ **et** $[\pm 60\,\overline{]}_2 + [0\,\overline{]}_2$.

4.2.2.5 Analyse à la rupture du composite

Le critère de TSAI-WU permet de déterminer la limite à rupture des couches composite. La figure IV.18 représente le résultat du critère pour la couche composite la plus sollicitée à la rupture en fonction de la pression de chargement.

On remarque que la Seq1 est la plus sollicitée par rapport à ce critère, le renforcement de cette dernière par des couches circonférentielles permet d'augmenter sa rigidité. La Seq4 présente un meilleur comportement à la rupture que toutes les autres séquences d'empilements. On note que pour la Seq2 et la Seq4, la couche la plus sollicitée à la rupture est la première couche d'enroulement circonférentielle, c'est-à-dire à celle à 90°.

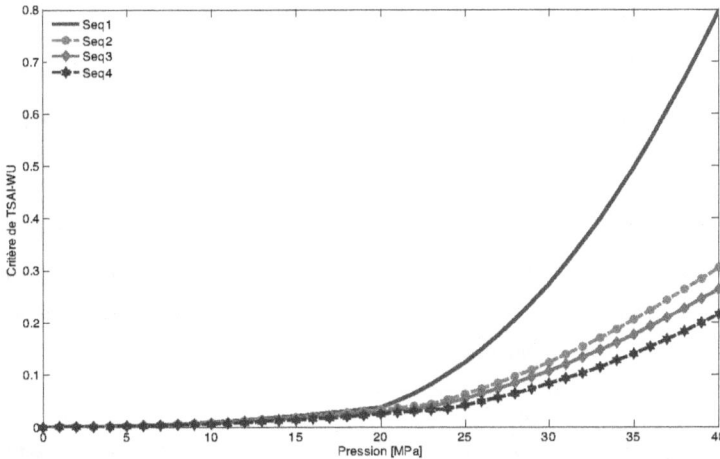

Figure IV.18 : Comportement à la rupture de la partie composite selon TSAI-WU.

La figure IV.19 représente la variation de la contrainte circonférentielle en fonction des déformations axiales ε_{zz} et circonférentielles $\varepsilon_{\theta\theta}$. On rappelle que cette analyse ne prend pas en considération l'endommagement du composite. Le changement d'allure du comportement des séquences est dû à la plastification du liner métallique. Par ailleurs, on remarque que l'enroulement à 60° est favorisé en termes de déformations par rapport à celui à 50°. La présence des enroulements circonférentiels dans les séquences d'empilement permet de renforcer davantage la solution de stockage.

113

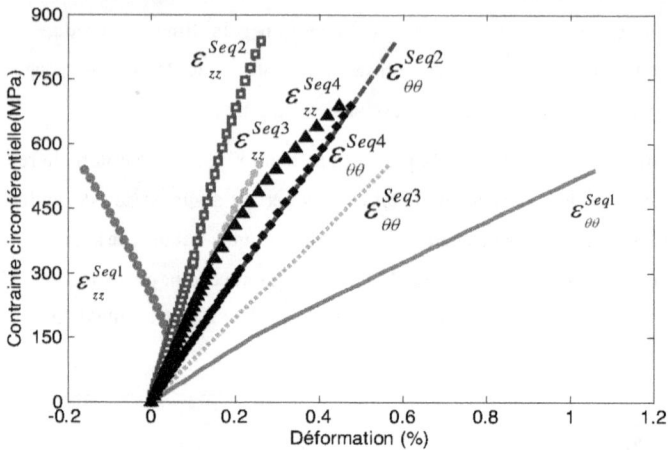

Figure IV.19 : Courbes contraintes – déformations de quatre séquences d'empilement.

4.2.2.6 Pression d'éclatement

Nous nous intéressons à déterminer analytiquement la pression nécessaire à la détérioration du réservoir. Cette pression repose sur la rigidité du composite, paramétrée par le nombre de couches, la séquence d'empilement, i.e. l'angle d'enroulement de chaque couche. Les deux séries $[\pm\varphi]_3$ et $[\pm\varphi_2 + 0_2]$ font l'objet de ce calcul.

La figure IV.20 présente la variation de la pression d'éclatement de la solution de type III en fonction de l'angle d'enroulement des couches composites. Les deux séries de séquences sont analysées et comparées. On remarque que l'angle optimum n'est plus 55°, comme il a été indiqué lors du chapitre I, mais il a basculé vers 60°, pour la série $[\pm\varphi]_3$ et 75° $[\pm\varphi_2 + 0_2]$ et cela est dû à la présence du liner métallique. L'épaisseur du liner influe considérablement sur le choix de l'angle optimum d'orientation des couches composites.

Le modèle a permis de conclure que la ruine de la première couche composite entraine la ruine des autres couches, pour une seule incrémentation supplémentaire de la pression de chargement. On note que, pour les séquences qui contiennent des enroulements circonférentielles, la rupture apparaît en premier au niveau de ces dernières et après elle se poursuit dans les autres couches.

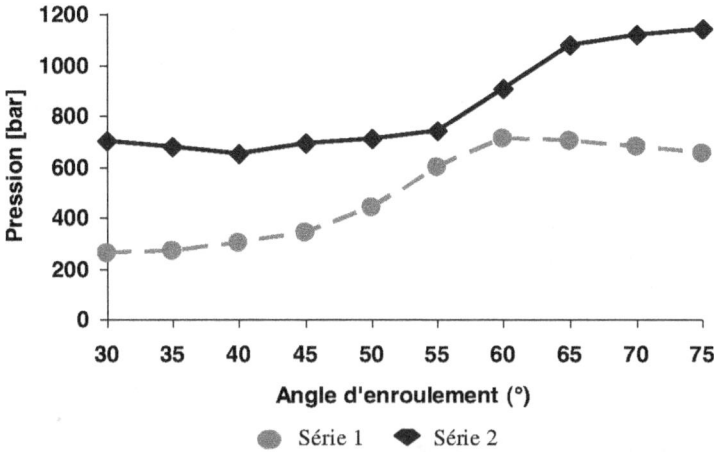

**Figure IV.20 : Variation de la pression d'éclatement en fonction de l'angle
d'enroulement des couches composites.**

Le modèle analytique peut estimer le nombre de couches nécessaire pour atteindre la
pression d'épreuve qui est de l'ordre de 1750 bars selon : l'angle et la séquence
d'empilement de l'enroulement composite.   Cette estimation est représentée par le tableau
VI.1 :

	$\pm 50\overline{}_{n}$	$\pm 50\overline{}_{n} + 0\overline{}_{2}$	$\pm 60\overline{}_{n}$	$\pm 60\overline{}_{n} + 0\overline{}_{2}$	$\pm 55\overline{}_{n}$
Nombre de couches nécessaire : n	68	50	21	22	30

**Tableau IV.1 : Estimation du nombre de couche optimal du réservoir de type III
pour résister à la pression d'épreuve.**

4.3 Analyse numérique

L'analyse numérique porte comme décrit précédemment sur une géométrie cylindrique mince, d'épaisseur uniforme. La spécificité de la composition de notre structure, est qu'elle est constituée d'une enveloppe métallique mince et d'un enroulement composite. Ceci oriente le choix de l'élément multicouche vers un élément qui permet de prendre en compte la non linéarité du comportement du liner. Parmi les éléments coques de la bibliothèque d'ANSYS 11 figure l'élément finis Shell 91. Cet élément est représenté par la figure IV.21 [ANSYS 11] et ces propriétés sont rappelées dans le tableau IV.2.

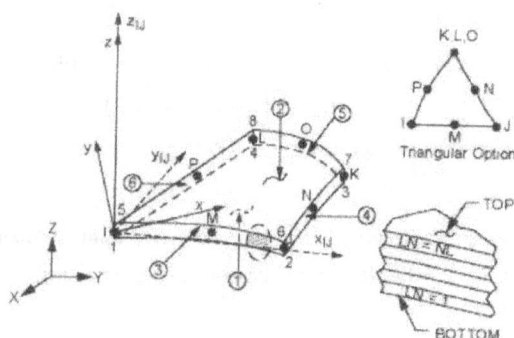

Figure IV.21 : Géométrie de l'élément Shell91 [ANSYS 11].

Elément	Comportement	Application	Nbr de nœuds	D.D.L	Comportement
Shell91	Non linéaire	Modélisation des coques multicouches et Structures sandwich épaisses	08	06	Elasticité, plasticité, fluage, grande déformation et gonflement.

Tableau IV.2 : Propriétés géométriques et matérielles de l'élément Shell91.

Pour cette analyse numérique, on procède par une démarche de simulation du comportement de la présente solution de stockage, qui consiste à prendre une seule géométrie, où on intègre le liner et le multicouche composite dans l'architecture de l'élément shell91 (figure IV.22).

Afin de comparer les deux approches analytique et numérique, on se met dans les mêmes conditions de chargement. La géométrie maillée par 5760 éléments et 17440 nœuds, est soumise à un chargement de pression interne de 400 bars avec effet de fonds.

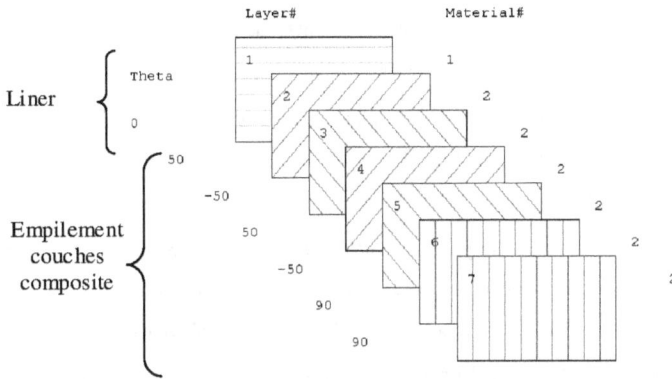

Figure IV.22 : Représentation de l'élément pour une séquence $\left[\pm 50\right]_2 + \left[0\right]_2$ enroulé sur un liner.

Afin de simuler le comportement élastoplastique du liner, une loi de comportement contrainte – déformation est introduite (figure IV.23). Le composite est caractérisé par une loi de comportement élastique selon les hypothèses du modèle analytique.

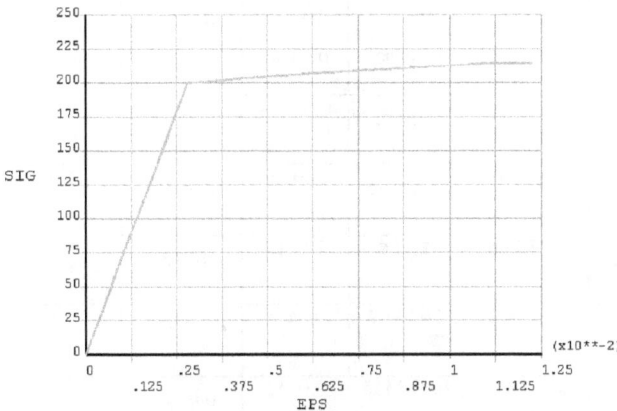

Figure IV.23 : Loi de comportement élastoplastique du liner.

4.4 Analyse comparative

Afin de valider le modèle élaboré au cours de ce travail et de l'étendre à l'analyse du gonflement de l'intermétallique pour la solution de stockage hybride, on présente une comparaison entre les résultats analytiques et numériques d'un coté et analytiques et expérimentaux de l'autre coté pour le chargement de pression interne avec effet de fond.

Les tableaux IV.3, IV.4 et IV.5 présentent une comparaison des résultats pour les deux démarches menées sous ANSYS 11 (1440 éléments et 2240 nœuds) et ceux de l'analytique.

On remarque que l'ordre de grandeur de l'écart est acceptable entre les deux analyses analytique et éléments finis pour les séquences Seq2 et Seq3. Par contre, pour la séquence $[55\overline{_3}]$, l'affinement du maillage n'a pas permis d'atteindre des résultats numérique proches de des résultats de l'analytique où, l'écart est de l'ordre de 15.7 %, sur la direction axiale. Cette différence est due au fait que l'analyse analytique repose sur l'hypothèse que le tube est infiniment long, d'où l'importance de la déformation reste plus petite devant les autres déformations. Par contre, la simulation par élément finis limite la longueur du tube, ce qui détermine la grandeur de la déformation axiale et son effet sur les autres résultats.

	Simulation numérique		Modèle analytique		Ecart (%)	
	Paroi interne	Paroi externe	Paroi interne	Paroi externe	Paroi interne	Paroi externe
ε_{zz}	0.0008	0.0008	0.00084	0.00084	4.7	4.7
$\varepsilon_{\theta\theta}$	0.00233	0.002038	0.00228	0.00192	2.1	5.7
σ_{zz} [MPa]	105.126	15.54	102.15	14.65	2.8	5.7
$\sigma_{\theta\theta}$ [MPa]	190.392	293.869	184.9	276	2.8	6
Ur (mm)	0.077423	0.077423	0.0753	0.0738	2.7	4.7

Tableau IV.3 : Analyse comparative pour la Seq2.

	Simulation numérique		Modèle analytique		Ecart (%)	
	Paroi interne	Paroi externe	Paroi interne	Paroi externe	Paroi interne	Paroi externe
ε_{zz}	0.00088	0.00088	0.000847	0.000847	3.75	3.75
$\varepsilon_{\theta\theta}$	0.0022	0.0020	0.00225	0.0019	2.2	0.5
σ_{zz} [MPa]	110.7	71.7	101.68	68.47	8.4	4.5
$\sigma_{\theta\theta}$ [MPa]	180.31	185	182.73	184.26	1.3	0.4
Ur (mm)	0.074	0.074	0.0744	0.07	0.5	5.4

Tableau IV.4 : Analyse comparative pour la Seq3.

	Simulation numérique		Modèle analytique		Ecart (%)	
	Paroi interne	Paroi externe	Paroi interne	Paroi interne	Paroi interne	Paroi externe
ε_{zz}	0.00108	0.00108	0.00091	0.00091	15.7	15.7
$\varepsilon_{\theta\theta}$	0.0078	0.0069	0.0088	0.0074	11.3	6.7
σ_{zz} [MPa]	90.22	235.5	94.97	257.8	5	8.6
$\sigma_{\theta\theta}$ [MPa]	228.32	494	210.2	543.27	8	9
Ur (mm)	0.26	0.26	0.295	0.273	10	4.7

Tableau IV.5 : Analyse comparative pour la Seq5.

Les figures de IV.24 à IV.26 présentent la variation de la contrainte circonférentielle en fonction des déformations axiales et circonférentielles. Comme remarque générale, les allures sont identiques et elles reflètent le mode de chargement de pression interne avec effet de fond. L'effet du montage adéquat et la présence de l'endommagement au niveau du composite, ont crées la différence en terme de pente et d'évolution des allures de comportements. Le mode de chargement en passant du frettage à 200 bars, à un nouveau frettage à 300 bars et on recharge à nouveau selon le protocole, ce qui a provoqué une perte de rigidité du composite et a fait la différence entre la grandeur des déformations expérimentales par rapport à celle de l'analytique.

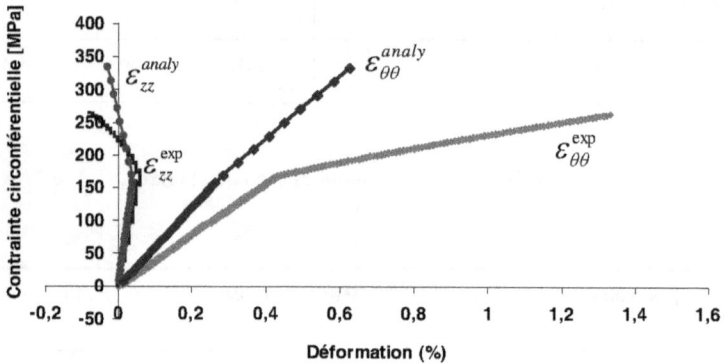

Figure IV.24 : Comparaison des résultats expérimentaux et analytiques de la variation de la contrainte circonférentielle en fonction des déformations axiales et circonférentielles de la séquence Seq1 pour un chargement de 300 bars.

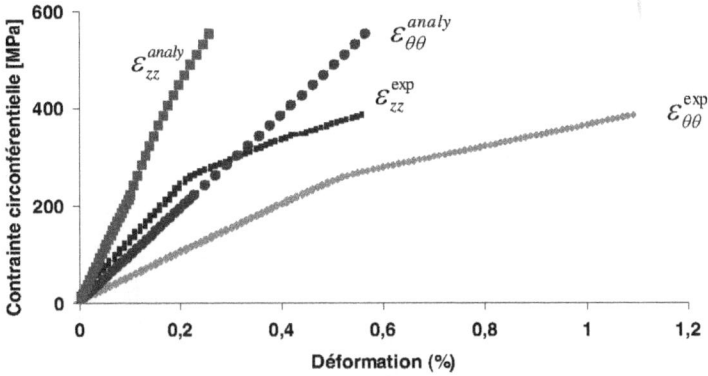

Figure IV.25 : Comparaison des résultats expérimentaux et analytiques de la variation de la contrainte circonférentielle en fonction des déformations axiale et circonférentielle de la séquence Seq3 pour un chargement de 400 bars.

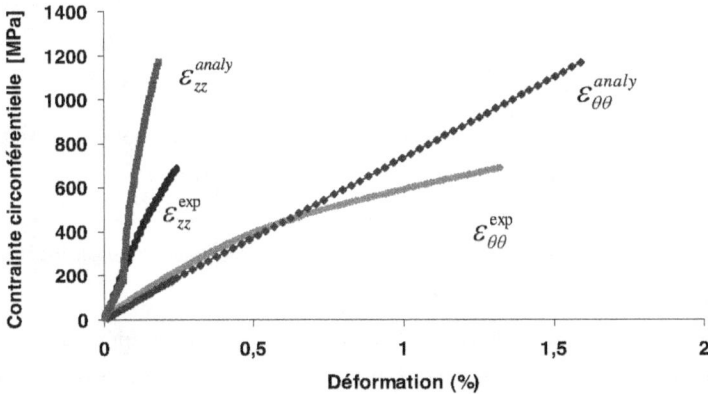

Figure IV.26 : Comparaison des résultats expérimentaux et analytiques de la variation de la contrainte circonférentielle en fonction des déformations axiale et circonférentielle de la séquence Seq5 pour un chargement de 800 bars.

4.5 Conclusion

Ce chapitre a pour objet l'analyse analytique, numérique et expérimentale du réservoir de stockage de type III, soumis à un chargement de pression interne avec effet de fond. Quatre séquences d'empilements ont été analysées dans le but de voir l'effet de l'angle d'enroulement sur le comportement de la totalité de la structure étudiée. On note que le comportement du liner est caractérisé par une loi d'écoulement élastoplastique et le composite par une loi élastique, avec l'utilisation d'un critère de rupture de type TSAI-WU.

Comme première analyse, l'effet de la polymérisation sur le comportement de la structure a été présenté, où des variations dimensionnelles apparaissent lors du refroidissement. Ces variations induisent un gap entre le liner et le composite. Ce dernier a été déterminé pour différents angles d'enroulement, dans un intervalle allant de 30° jusqu'à 75°. La pression nécessaire à la fermeture de cet espace a été aussi déterminée pour le même intervalle d'enroulement.

L'estimation des contraintes résiduelles d'origine thermique a montrée que leur amplitude est faible par rapport aux contraintes d'origine mécanique. Pour la série $[\pm\varphi]_3$ (série 1) les contraintes circonférentielles thermiques représentent 1% des contraintes circonférentielles mécanique et 4 % pour la série 2 : $[\pm\varphi]_2 + [0]_2$.

En termes de résultats analytiques, l'enroulement à 60° présente des résultats plus favorables que l'enroulement à 50°. La présence de 90°, dans les séquences a permis d'améliorer davantage le comportement de la structure en déplacement et en contraintes. Enfin, une représentation de la pression d'éclatement en fonction de l'angle d'enroulement pour une séquence de quatre couches a été présentée.

Une deuxième partie a fait l'objet d'une approche par éléments finis sous ANSYS 11. Les résultats obtenus ont permis de consolider l'approche analytique. La dernière partie de ce chapitre est consacrée à comparer les résultats du modèle analytique, à ceux de l'analyse par éléments finis et de l'expérimental.

Les résultats obtenus lors des analyses numérique, expérimentale et analytique, nous permette d'étendre le modèle au cadre du gonflement de l'intermétallique au sein de la solution hybride. L'effet du gonflement de l'intermétallique lors d'une fuite d'hydrogène sur le liner d'un coté et le composite de l'autre coté fait l'objet du cinquième et dernier chapitre de ce travail.

5.1 Introduction

Après avoir présenté au cours du chapitre I, l'intérêt de la solution hybride dans le stockage d'hydrogène à haute pression et avoir validé le modèle analytique par l'analyse numérique et expérimentale, au cours du chapitre IV, nous nous intéressons à présent au comportement de la solution hybride en présence de fuite d'hydrogène.

L'objectif du présent chapitre porte sur l'élaboration d'un système amélioré de stockage de l'hydrogène à haute pression comme l'indique la figure V.1. Cette solution utilise une couche intermétallique, insérée entre le liner et le composite. Le rôle principale de l'intermétallique n'est pas d'absorber l'ensemble de l'hydrogène stocké dans le réservoir haute pression, mais seulement de capturer de petites fuites d'hydrogène provenant de micro fissures.

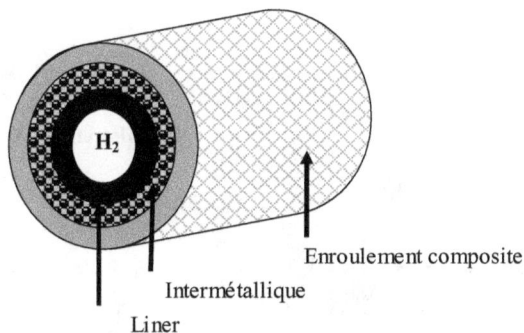

Enroulement composite

Intermétallique

Liner

Figure V.1 : Solution hybride.

Les critères de sélection d'un hydrure métallique pour le stockage de l'hydrogène ont été largement présentés au cours du premier chapitre. L'analyse bibliographique a fait ressortir les propriétés intéressantes de l'alliage Zr_3Fe, et en particulier son excellente cinétique d'absorption, sa très faible pression d'équilibre et sa bonne résistance à l'oxydation.

L'effet du gonflement de l'intermétallique sur le comportement du liner métallique et sur le composite lors d'une fuite font l'objet de ce chapitre. Une analyse des contraintes, des déformations et des déplacements à travers l'épaisseur de la paroi du réservoir est présentée.

5.2 Hypothèses de la fuite d'hydrogène et du gonflement de l'intermétallique

Dans ce chapitre, on se place dans la situation d'une défaillance de la partie liner, ce qui entraîne une fuite d'hydrogène à travers les fissures. La présence de l'intermétallique, permet de barrer la route à cette fuite par un phénomène d'absorption comme l'indique la figure V.2.

L'absorption de l'hydrogène par l'intermétallique comme l'indique la figure V.2, entraîne un gonflement de ce dernier. Ce qui nous intéresse, c'est le phénomène de gonflement de l'intermétallique, dû à la pénétration des atomes d'hydrogène dans son réseau atomique.

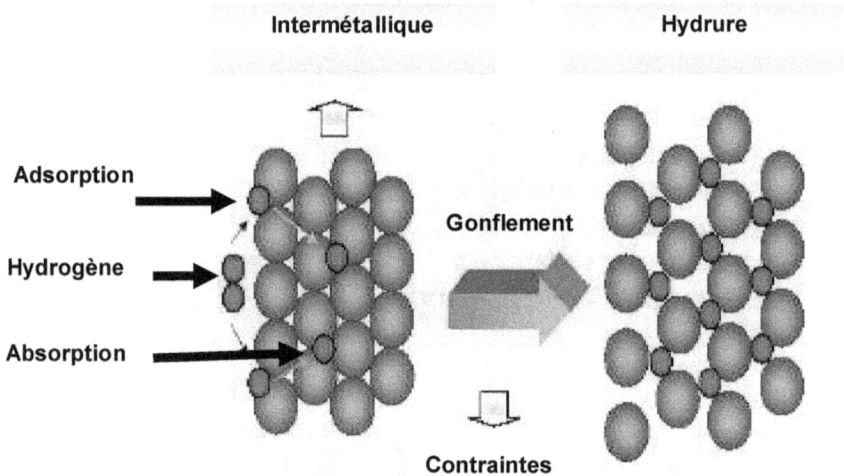

Figure V.2 : Phénomène d'absorption d'hydrogène.

Notre démarche d'analyse repose sur l'analogie du comportement entre un matériau gonflant par absorption de l'hydrogène et un matériau se dilatant suite à une variation de température. En effet, dans les deux cas, que ce soit par absorption d'hydrogène d'une part ou par augmentation de la température d'autre part, l'intermétallique peut subir une déformation supérieure à la déformation élastique ou, si cette déformation est empêchée, il développe des surcontraintes.

Cette hypothèse permet de prendre en compte l'effet du gonflement, qui est simulé par une dilatation thermique, introduit par le biais d'un gradient de température agissant seulement sur la couche intermétallique. Ces hypothèses simplificatrices nous permettent d'obtenir des ordres de grandeurs de l'effet du gonflement de l'intermétallique sur le liner et le composite en termes de contraintes et de déformations.

Sur cette base, nous essayons à travers ce dernier chapitre d'analyser et de comprendre le comportement de l'intermétallique lors d'un gonflement, en introduisant un gradient de température au niveau de l'intermétallique par le biais de l'équation (III.1) à la fin du chargement mécanique. Selon les hypothèses citées dans le deuxième paragraphe, on définit le coefficient de dilatation thermique α'.

Dans cette analyse, deux situations de gonflement sont traitées. La première situation est un gonflement isotrope homogène dans toutes les trois directions (I.S.). La deuxième situation, on suppose que le gonflement ne se produit que dans la direction radiale (Isotropic Transverse Swelling, I.T.S.). Ce scénario est très intéressant, pour deux raisons, la première est que lors d'un gonflement local, la réponse mécanique de la structure ne sera que sur la direction radiale et la deuxième raison est due à l'anisotropie microstructurale de l'intermétallique qui peut avantager ce genre de gonflement.

5.3 Procédure de résolution

La procédure de résolution analytique décrite dans le chapitre III intègre l'analyse de la solution hybride. L'état initial de la structure est celui obtenu après le chargement de pression : on détermine l'effet de la présence de l'intermétallique en terme de contraintes, déformations et déplacement. Après le chargement de pression, on soumet l'intermétallique à un gradient de température afin d'atteindre le taux de gonflement désiré. Les effets de l'expansion thermique de l'intermétallique sur le liner et le composite sont discutés.

La solution hybride est caractérisée par un rayon interne d'une valeur de l'ordre de 33 mm, une épaisseur du liner de 2 mm, 0.2 mm pour l'intermétallique et 0.27 mm pour chaque couches de composite. Tous les résultats sont représentés en fonction d'un rapport adimensionnel R, exprimé comme suit :

$$R = \frac{r - r_0}{r_a - r_0} \tag{1}$$

On note que pour le liner, R est compris entre 0 et 0.306, pour l'intermétallique, R est compris entre 0.306 et 0.337 et pour le composite, entre 0.337 jusqu'à 1.

Par rapport au chapitre IV, le nombre de couches du composite est augmenté, et n prend une valeur de 16 couches. Ce renforcement permet de ne pas se retrouver dans un état d'endommagement du composite dû à l'effet de pression d'un coté et de gonflement thermique de l'intermétallique de l'autre coté.

L'analyse des résultats de la solution de stockage de type III, présentée au cours du chapitre IV, nous a permis d'opter pour les deux séquences d'empilements présentées dans le tableau V.1, où l'ordre d'empilement pour chaque séquence est pris de l'intérieur vers l'extérieure. Cette analyse de la solution de stockage avant et après fuite est résolue sous MATLAB. La paroi interne de la solution hybride est soumise à une pression de 40 MPa. Cette pression est choisie dans le but de ne pas dépasser la limite élastique de la couche intermétallique. Pour la même raison, où l'intermétallique Zr_3Fe devrais atteindre un gonflement de volume de 20%, on se place dans un environnement de fuite, qui correspond à un taux de gonflement près de 2.5 % de l'intermétallique.

Séquences	Angles d'enroulements
Seq3	$[\pm 60^{-}]_8$
Seq4	$[\pm 60^{-}]_7 + [\pm 0^{-}]_2$

Tableau V.1 : Séquences d'empilements de la solution hybride.

5.4 Présentation et interprétations des résultats

5.4.1 Comportement mécanique de la solution hybride : 40 MPa

Le comportement mécanique de la solution hybride en termes de déplacement, de contraintes et de déformations est similaire à celui de la solution de type III, avec des amplitudes quelque peu différentes, dues à la présence de l'intermétallique. Afin de ne pas surcharger cette partie d'analyse mécanique, on se contente de présenter par le biais de la figure V.3, la variation de la contrainte circonférentielle $\sigma_{\theta\theta}$ en fonction des déformations axiales ε_{zz} et circonférentielles $\varepsilon_{\theta\theta}$. Les allures représentent le type de chargement envisagé au cours de cette étude, une pression interne avec effet de fond. On rappelle que cette analyse ne prend pas en considération la présence d'endommagement au niveau du composite.

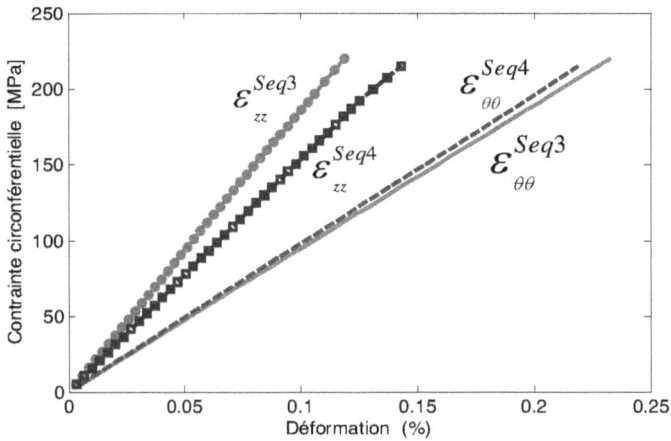

Figure V.3 : Evolution de la contrainte circonférentielle en fonction des déformations.

Le changement d'allure du comportement des séquences est dû à la plastification du liner métallique. D'un autre coté, on remarque que la présence des couches circonférentielles a permis d'alléger la solution dans la direction circonférentielle et transmettre le chargement dans la direction axiale. La présence du liner et de l'intermétallique ne contribue pas à renforcer la rigidité de la structure dû fait de leur faible épaisseur.

5.4.2 Analyse de l'effet du gonflement de l'intermétallique sur le comportement de la solution hybride

L'effet du gonflement de l'intermétallique sur le comportement de la partie liner d'un coté et la partie composite de l'autre coté fait l'objet de cette deuxième démarche d'analyse. Pour chaque séquence d'empilement, on représente trois situations de la solution : Avant fuite « B.S.», Après fuite : gonflement isotrope de l'intermétallique « A.I.S. » et Après fuite : gonflement isotrope transverse « A.I.T.S. ». Le gonflement de l'intermétallique par absorption d'hydrogène est dû à la fuite de ce dernier à travers les fissures qui ont été initiées par la fatigue du liner. L'objectif du choix des deux modes de gonflement au cours de cette analyse est de voir qu'elle est leurs effets sur l'ouverture ou la fermeture de ces fissures.

127

5.4.2.1 Déplacement radial

Avant d'analyser la totalité de la solution hybride, on présente en premier lieu l'effet thermique sur une structure en intermétallique selon les deux modes de gonflement. D'après la figure V.4, on remarque que l'expansion volumique est considérable pour un gonflement isotrope par rapport à un gonflement isotrope transverse. Ce qui nous laisse dire que la déformation équivalente sera importante pour le gonflement isotrope. Ce taux de gonflement est réduit considérablement lorsque l'intermétallique est inclus entre le liner et le composite. Ce constat est représenté par la figure V.5 qui présente l'allure du déplacement radial de la structure hybride et indique que l'intermétallique s'écrase entre les deux. En effet, cette limitation d'expansion thermique engendre des contraintes, qui sont exercées sur le liner et sur le composite. Il reste à savoir si selon la forme des fissures, cet écrasement aura tendance à les fermer ou à les ouvrir davantage.

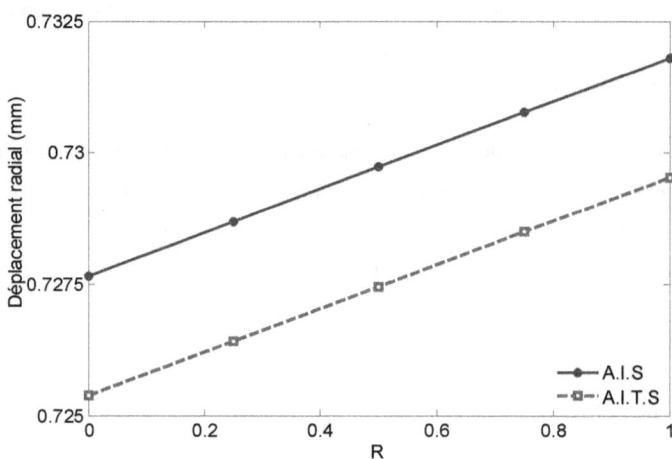

Figure V.4 : Evolution du déplacement radial à travers l'épaisseur de l'intermétallique pour les deux scénarios après gonflement isotrope « A.I.S » et après gonflement isotrope transverse « A.I.T.S ».

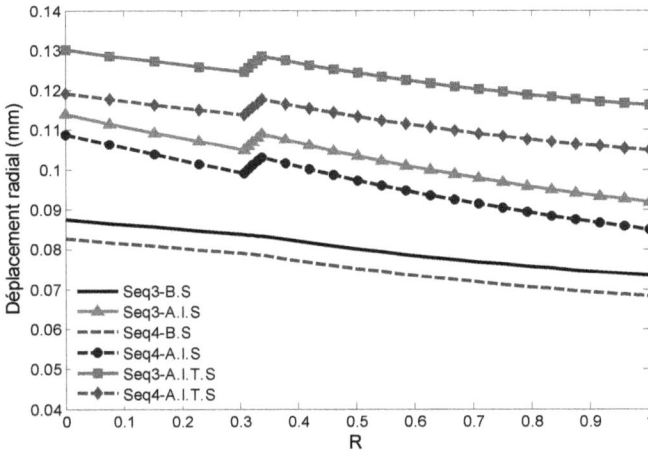

Figure V.5 : Evolution du déplacement radial à travers l'épaisseur pour les deux Seq3 et Seq4 avant gonflement « B.S. », après gonflement isotrope « A.I.S. » et après gonflement isotrope transverse « A.I.T.S. ».

5.4.2.2 Analyse des contraintes et déformations

A.1 Contraintes axiale et circonférentielle

Les allures des différents scénarios avant et après fuite pour les deux séquences sont identiques et se caractérisent par une discontinuité au niveau des interfaces. Pour cela, on se limite à la présentation de la Seq3. Pour la Seq4, les résultats sont présentés dans la partie annexe-B.

La figure V.6 représente la variation de la contrainte axiale à travers la paroi pour les trois situations traitées au cours de cette analyse. Afin de mieux observer ce qui se passe au niveau du liner et du composite, une attention particulière est portée sur leurs deux comportements de manière séparée, comme l'indique les figures IV.7.

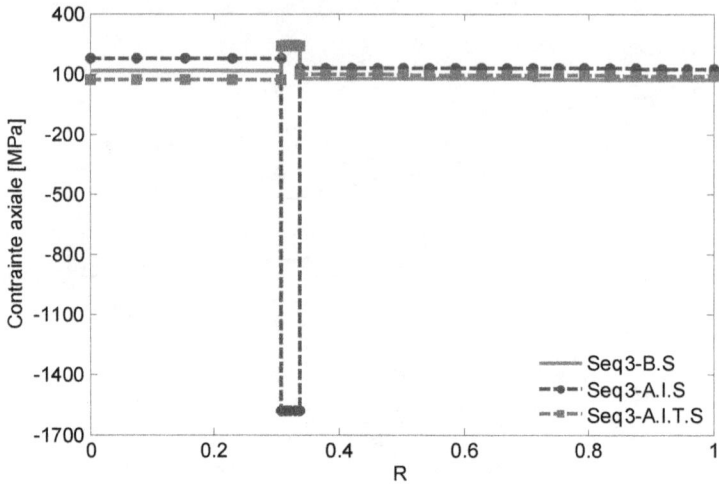

Figure V.6 : Distribution de la contrainte axiale à travers l'épaisseur pour la Seq3, avant gonflement « B.S. », après gonflement isotrope « A.I.S. » et après gonflement isotrope transverse « A.I.T.S. ».

Dans la partie liner, la prise en compte d'un gonflement isotrope permet d'augmenter la contrainte axiale de 64 %, et en revanche, elle est réduite lors d'un gonflement isotrope transverse de près de 39 %. Pour les deux scénarios « A.I.S. » ou « A.I.T.S. », on remarque d'après la figure V.7, que le gonflement de l'intermétallique mène à une augmentation de l'effort axial tout le long de la partie composite. Cette augmentation est beaucoup plus importante en cas d'un gonflement isotrope « A.I.S. » (73 %), par rapport à celle du scénario «A.I.T.S. », qui est de l'ordre de 33 %.

Ce constat peut avoir un effet positif ou négatif lors de la création des fissures au niveau du liner, selon leur forme, que ce soit longitudinale ou transversale. Par contre, dans les deux situations de gonflement, la fuite engendre une augmentation de contrainte.

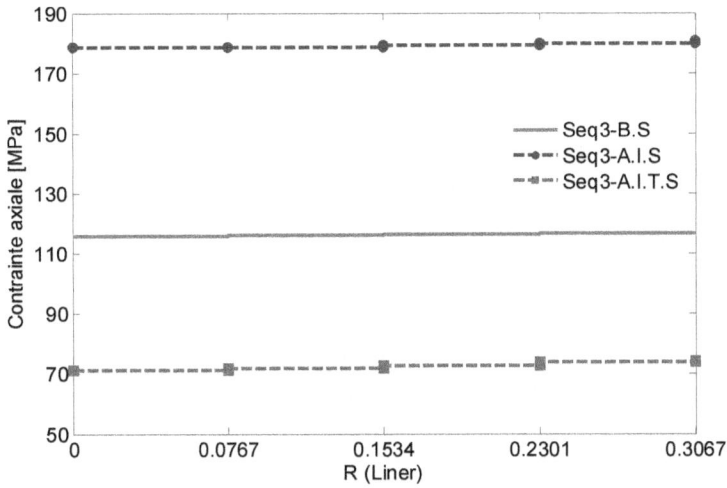

Partie liner

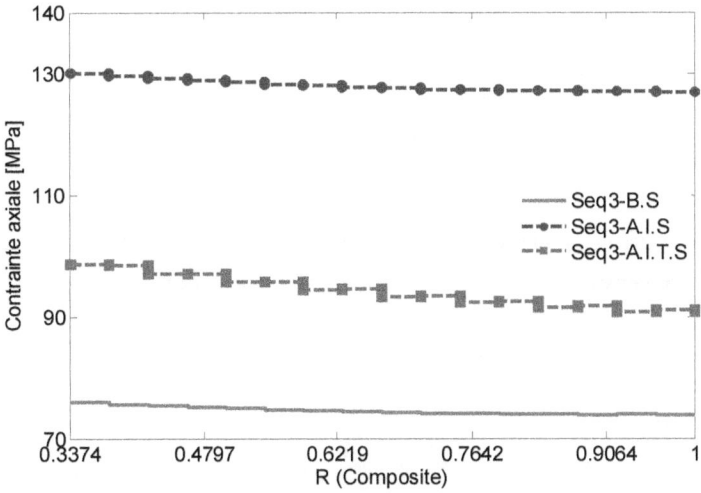

Partie composite

Figure V.7 : Distribution de la contrainte axiale à travers l'épaisseur pour la Seq3 dans la partie liner et dans la partie composite.

La figure V.8 représente l'allure de la contrainte circonférentielle à travers la paroi pour les trois situations traitées au cours de cette analyse. Une attention particulière est mise sur le comportement du liner et du composite (figure V.9), on remarque, qu'au niveau du liner, un effet inverse se produit par rapport à la contrainte axiale selon le mode de chargement. Cet effet induit une augmentation de 5% pour un gonflement isotrope transverse et une réduction de 15% pour un gonflement isotrope. Par contre, pour le composite, l'effet reste le même que celui de la contrainte axiale.

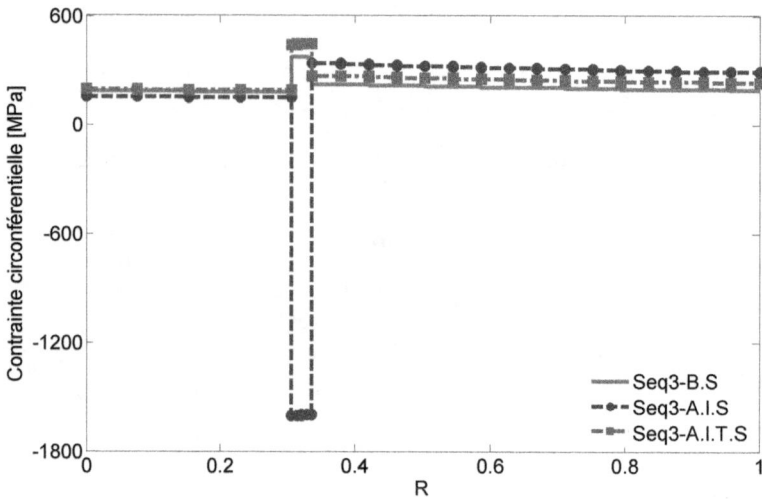

Figure V.8 : Distribution de la contrainte circonférentielle à travers l'épaisseur pour la Seq3 avant gonflement « B.S. », après gonflement isotrope « A.I.S. » et après gonflement isotrope transverse « A.I.T.S. ».

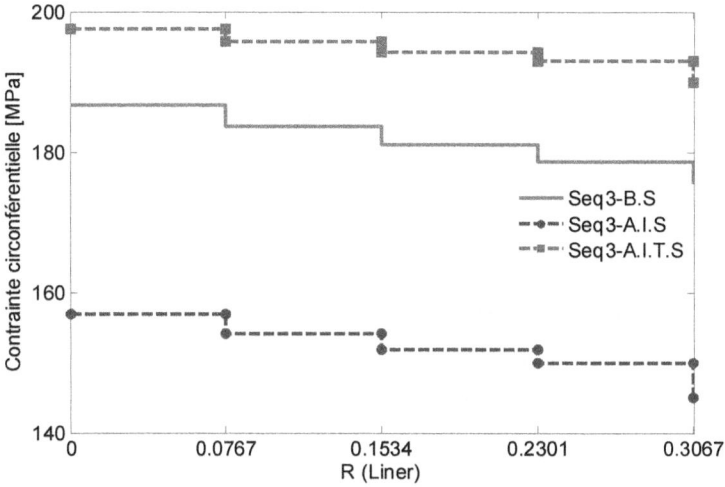

Partie liner

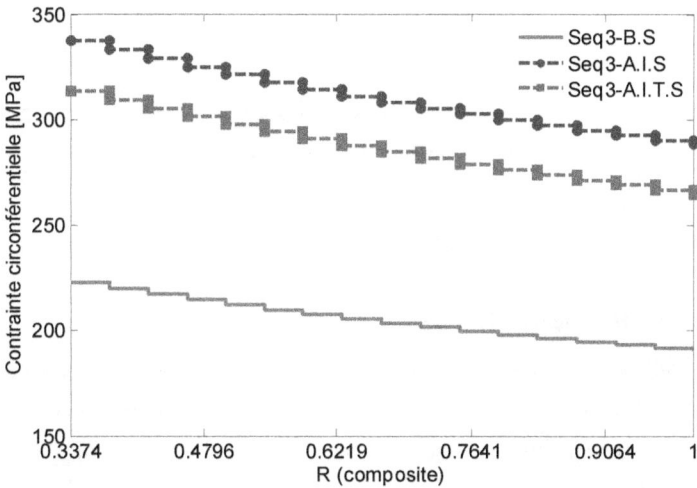

Partie composite

Figure V.9 : Distribution de la contrainte circonférentielle à travers l'épaisseur pour la Seq3 dans la partie liner et dans la partie composite.

Si on se limite pour deux formes simples de fissure comme l'indique la figure V.10, axiale et circonférentielle, l'effet du mode de gonflement est très significatif : il tend à fermer ou ouvrir davantage la fissure.

Dans le cas d'une fissure longitudinale, toute augmentation de la déformation circonférentielle induira l'ouverture de la fissure. Nous notons aussi que la présence de ce genre de direction de fissure, accompagné par une augmentation de la déformation axiale induira une fermeture de cette fissure.

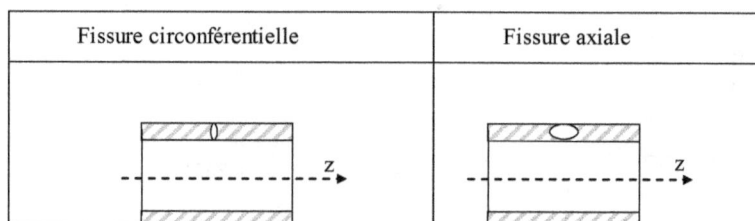

Fissure circonférentielle	Fissure axiale

Figure V.10 : Formes de fissures analysées.

A.2 Contrainte radiale

La figure V.11 représente la variation de la contrainte radiale à travers la paroi de la solution hybride. Les allures des différents scénarios sont caractérisées par une variation linéaire à travers la paroi pour les trois constituants.

La prise en compte du gonflement isotrope transverse pour les deux séquences Seq3 et Seq4 a permis de diminuer légèrement l'effet de compression dans la partie liner. De l'autre coté, le composite est comprimé davantage.

Ce mode de gonflement n'est pas avantageux dans le sens radial. En revanche, lors d'un gonflement isotrope, les deux parties liner et composite sont comprimées davantage, ce qui signifie que l'intermétallique s'écrase des deux cotés et que cela pourra avoir un effet positive sur l'arrêt des fuites.

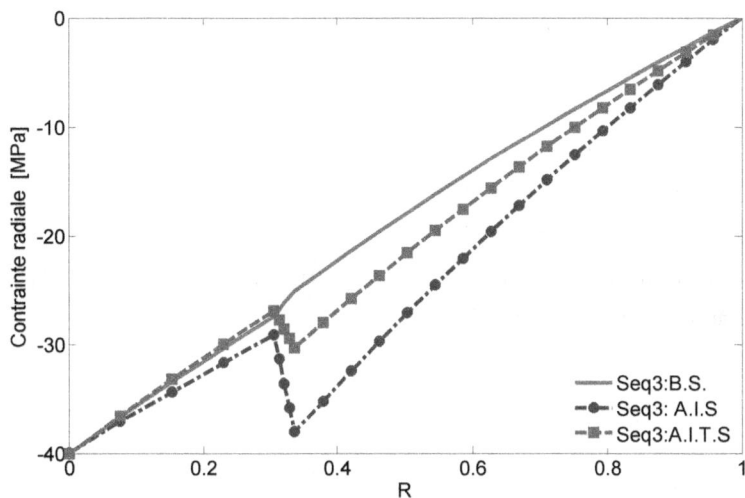

(a)

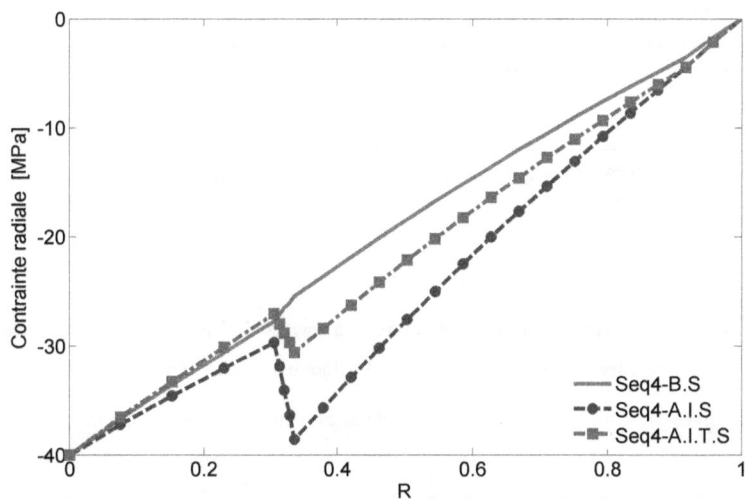

(b)

Figure V.11 : Distribution de la contrainte radiale à travers l'épaisseur pour la Seq3 et la Seq4, Avant gonflement « B.S. », après gonflement isotrope « A.I.S. » et après gonflement isotrope transverse « A.I.T.S. ».

Le modèle de calcul nous permet de définir l'état des contraintes et déformations équivalentes au niveau du liner avant et après fuite ; les contraintes et déformations équivalentes sont fournies dans le tableau V.2. La distribution de la contrainte équivalente ou de la déformation équivalente à travers le liner métallique est identique pour les deux séquences. Avant fuite, la contrainte et la déformation équivalentes obtenues correspondent à l'état de plastification du liner. En prenant en compte la fuite d'hydrogène, qui induit un gonflement de l'intermétallique, la contrainte et la déformation équivalentes augmentent.

Ce constat permet d'envisager, selon la forme et le sens de propagation de la fissure, un effet avantageux ou néfaste sur la fissure lors du gonflement.

Scénario	Avant fuite « B.S »	Après fuite : Gonflement isotrope « A.I.S »	Après fuite : Gonflement isotrope transverse « A.I.T.S »
Contrainte équivalente [MPa]	198.86	206.57	201.49
Déformation équivalente (%)	0.33	0.64	0.40

Tableau V.2 : Etat de contrainte et déformation équivalentes pour la Seq3.

B.1 Déformations axiale et circonférentielle

Les déformations axiale et circonférentielle à travers l'épaisseur sont représentées par la figure V.12, uniquement pour la Seq3 puisque l'allure est identique pour la Seq4.

Au niveau du liner, la déformation axiale augmente lors d'un gonflement isotrope et elle se relâche lors d'un gonflement isotrope transverse pour les deux séquences d'empilement. En revanche, une augmentation de la déformation circonférentielle est enregistrée au niveau du composite, quel que soit le mode de gonflement. La présence des enroulements circonférentiels dans les séquences d'empilements du composite permet de réduire la déformation circonférentielle et d'augmenter la déformation axiale.

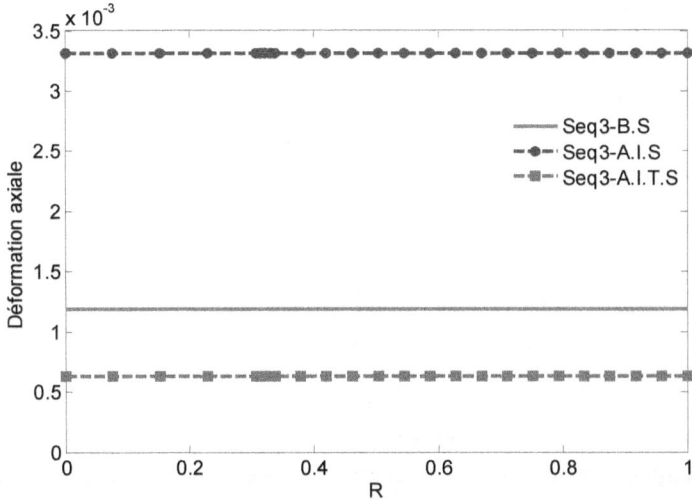

(a)

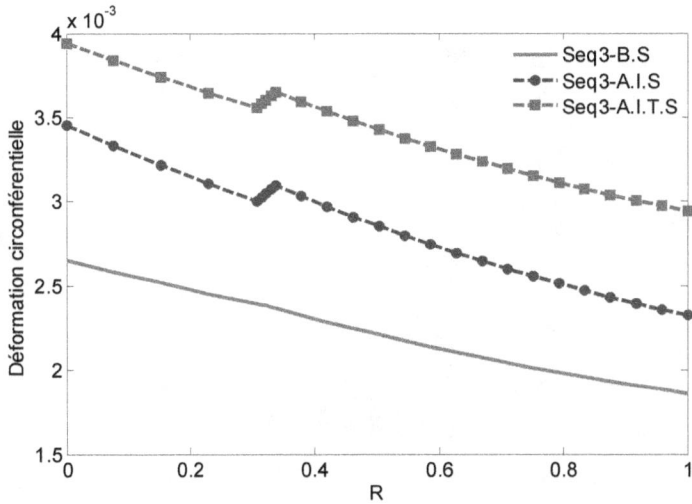

(b)

Figure V.12 : Distribution des déformations axiale et circonférentielle à travers l'épaisseur pour la Seq3, avant gonflement « B.S. », après gonflement isotrope « A.I.S. » et après gonflement isotrope transverse « A.I.T.S. ».

B.2 Déformation radiale

Les figures V.13 et V.14 présentent la variation de la déformation radiale à travers l'épaisseur de la solution pour les séquences Seq3 et Seq4. Une discontinuité est enregistrée au niveau des interfaces des trois matériaux. On remarque qu'avant fuite toute la structure est soumise à un état de compression.

Par rapport au chargement sous pression, le gonflement de l'intermétallique dans les deux situations traitées a permis de comprimer davantage la partie composite mais surtout la partie liner. Cette différence montre que l'expansion volumique est orientée vers l'intérieur du fait de la différence de rigidité entre liner et composite

Les résultats de déformations radiales obtenus montrent que le gonflement de l'intermétallique apporte un effet positif sur les fissures qui se développent au niveau du liner. Dans la situation où une fuite d'hydrogène se produit, l'expansion volumique de l'intermétallique tend à pousser le liner de l'extérieur vers l'intérieur et permet de fermer les fissures.

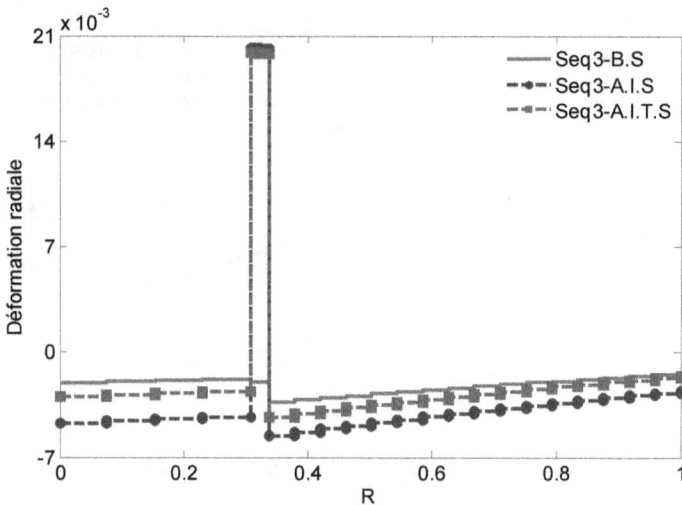

Figure V.13 : Distribution de la déformation radiale à travers l'épaisseur pour la Seq3, avant gonflement « B.S. », après gonflement isotrope « A.I.S. » et après gonflement isotrope transverse « A.I.T.S. ».

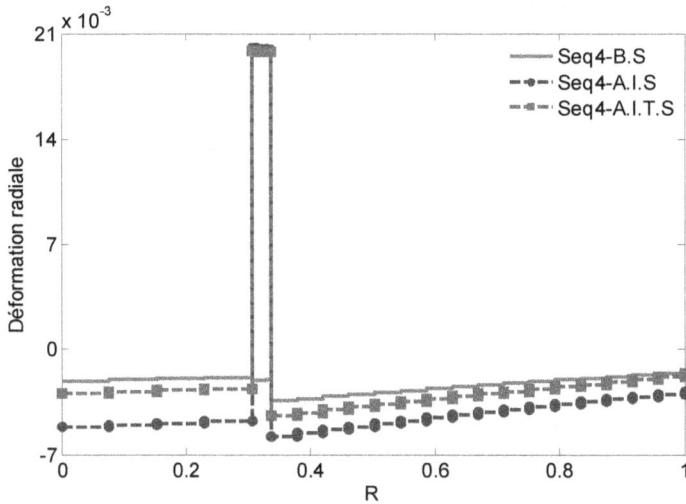

Figure V.14 : Distribution de la déformation radiale à travers l'épaisseur pour la Seq4, avant gonflement « B.S. », après gonflement isotrope « A.I.S. » et après gonflement isotrope transverse « A.I.T.S. ».

Par contre, les résultats des déformations axiale et circonférentielle diffèrent par rapport aux résultats de la déformation radiale. Le gonflement tend à augmenter les déformations, ce qui a pour conséquence d'ouvrir d'avantage les fissures. Le seul cas où l'on peut avoir un effet positif est le scenario « A.I.T.S. ». La diminution de la déformation axiale permet alors de fermer la fissure, à condition que cette dernière soit orientée dans la direction circonférentielle.

5.5 Etude de variabilité

Les propriétés élastiques des rubans d'intermétallique sont des variables clés pour l'analyse de l'effet de son gonflement sur la solution hybride de stockage. Pour ce genre de ruban, la caractérisation dimensionnelle et mécanique effectuée au cours du chapitre II a montrée des dispersions importantes en termes de porosité, d'épaisseur qui conduisent à des disparités significatives sur les propriétés élastiques obtenues par la loi des mélanges ou mesurées lors de la campagne expérimentale.

Dès lors, une étude paramétrique ou de sensibilité de l'effet du changement des propriétés des rubans Zr_3Fe est indispensable.

Dans ce contexte, on se place dans une situation critique où l'écart entre le module d'Young théorique et expérimental est de 50 %. Cet écart entraîne une chute des autres propriétés telles que le module de cisaillement et le coefficient de dilatation thermique.

Le but de cette partie est d'effectuer une première approche paramétrique afin de comprendre la sensibilité des simulations faites au cours de ce chapitre lors d'un changement des propriétés élastiques de la barrière intermétallique.

5.5.1 Chargement mécanique : Pression 40 MPa

La variation de la contrainte circonférentielle à travers la paroi de la solution hybride (figure V.15), permet de prévoir un effet négligeable de la variation du module d'Young et un accroissement faible, d'environ 4%, pour la partie composite. En revanche, au niveau de l'intermétallique la sensibilité est considérable puisqu' une chute de 55 % est constatée. Cette chute correspond parfaitement à l'écart entre la donnée de la loi des mélanges et celle de l'expérimental. Le même constat caractérise la variation de la contrainte axiale au niveau de l'intermétallique. Une augmentation de 4 % de la contrainte axiale est constatée tant sur la partie liner que la partie composite.

Le comportement de la solution hybride sous chargement de pression est finalement peu sensible aux changements des propriétés élastiques des rubans d'intermétallique. L'influence de la chute considérable de la rigidité enregistrée au niveau de l'intermétallique n'est que de 4% sur le liner et sur le composite.

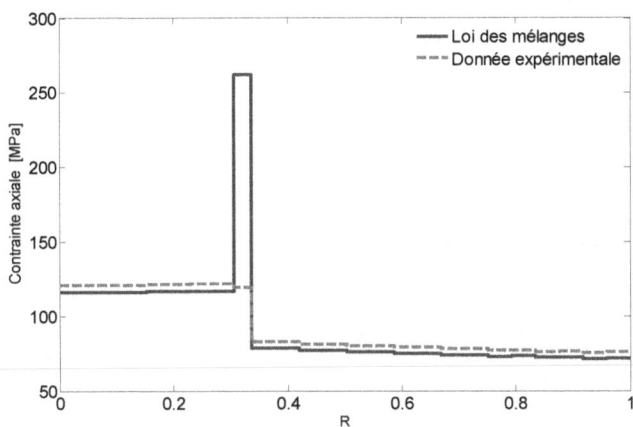

(a) : Contrainte axiale

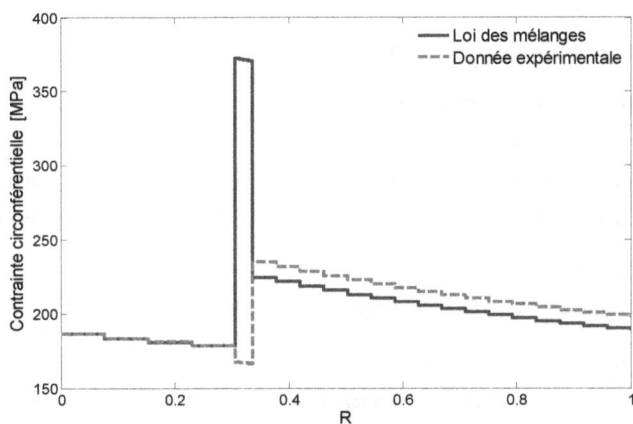

(b) : Contrainte circonférentielle

Figure V.15 : Comparaison des résultats basés sur la loi des mélanges avec ceux basés sur une donnée expérimentale.

5.5.2 Chargement thermomécanique

Nous limitons notre champ d'analyse à la sensibilité des déformations de la solution hybride de stockage aux changements des propriétés des rubans d'intermétalliques. Sur cette base, nous essayons d'analyser l'effet de ces modifications sur l'approche thermomécanique déjà établie. Les figures V.16 à V.18 présentent la sensibilité des déformations radiale, axiale et circonférentielle au changement des données de l'analyse du gonflement de l'intermétallique, obtenues expérimentalement d'un coté et par la loi des mélanges de l'autre. On remarque que l'allure des déformations n'est pas affectée par le changement des propriétés élastiques de l'intermétallique pour un taux de gonflement prés de 2.5 %.

A.1 Taux de variation de la déformation radiale

Pour le scénario « A.I.S », le même constat est enregistré pour les deux bases d'analyse avec des compressions plus importantes dans le cas de la loi des mélanges (figure V.16). En revanche, dans la situation d'un gonflement isotrope transverse « A.I.T.S » une décompression est enregistrée au niveau du liner lors de la prise en compte des données expérimentales. D'après ces taux de variations, on remarque que le scénario de gonflement isotrope est moins sensible aux propriétés élastiques que le scénario de gonflement isotrope transverse.

A.2 Taux de variation de la déformation axiale

Par rapport à l'analyse basée sur la loi des mélanges, la variation de la déformation axiale est peu influencée par le changement des propriétés élastiques des rubans d'intermétallique (figure V.17). En revanche, le rétrécissement axial lors du gonflement isotrope transverse est de 2 % avec les données expérimentales contre 46 % avec les données de la loi des mélanges.

A.3 Taux de variation de la déformation circonférentielle

Le taux de variation de la déformation circonférentielle lors du scénario du gonflement isotrope « A.I.S » n'est pas avantageux en terme de fermetture des fissures malgré une chute de décompression qui est passé de 29 % sur le calcul basé sur la loi des mélanges à 11 % sur la base des données expérimentales (figure V.18). On conclue que le scénario de gonflement isotrope aura un effet néfaste quelle que soit la base de donnée de calcul. Par contre, une compression du liner est enregistrée au niveau du liner dans la situation d'un gonflement isotrope transverse « A.I.T.S » et elle peut avoir un effet positif sur les fissures circonférentielles. Cette situation favorise le scénario « A.I.T.S » avec des données expérimentales.

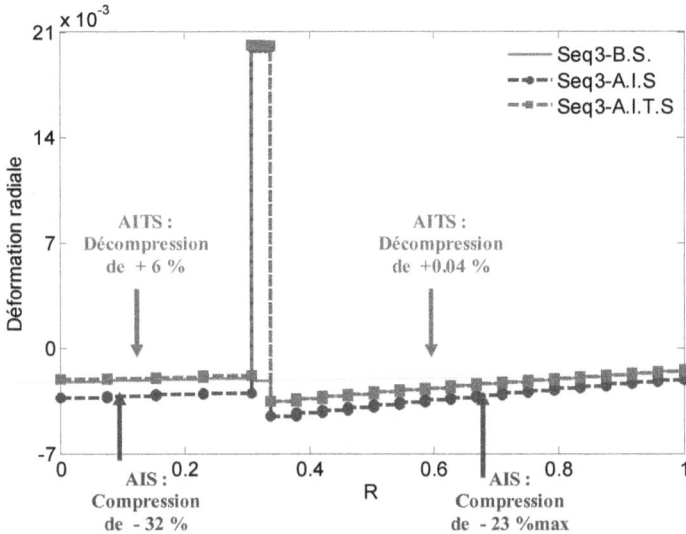

(a) Données expérimentales

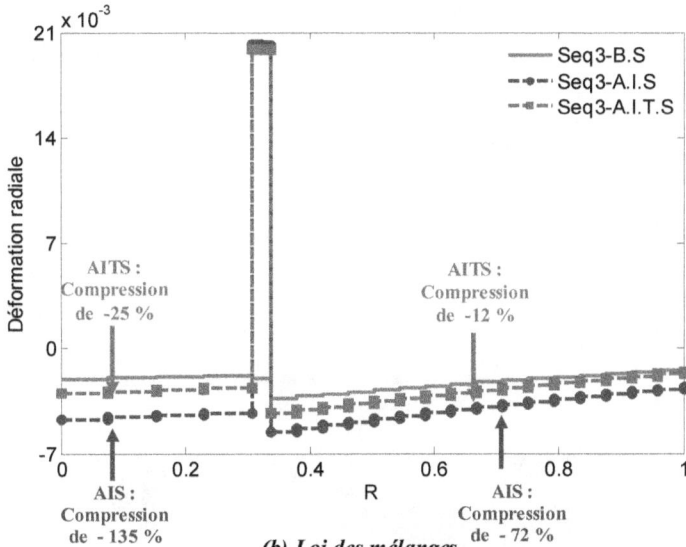

(b) Loi des mélanges

Figure V.16 : Sensibilité de la déformation radiale pour la Seq3 à l'effet des données expérimentales, avant gonflement « B.S. », après gonflement isotrope « A.I.S. » et après gonflement isotrope transverse « A.I.T.S. ».

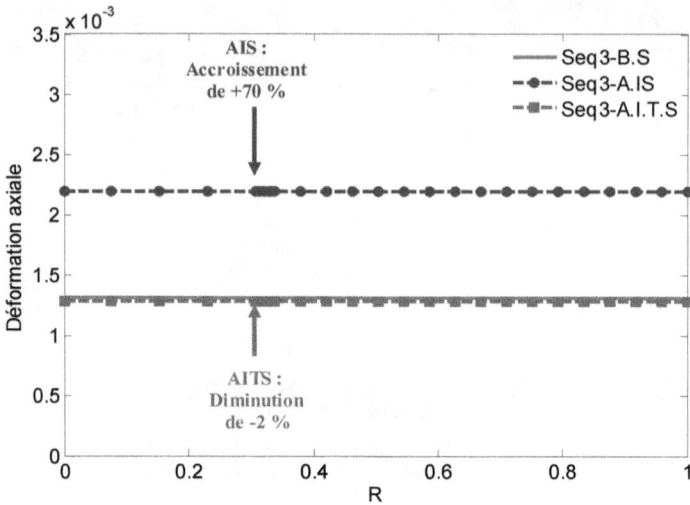

(a) Données expérimentales

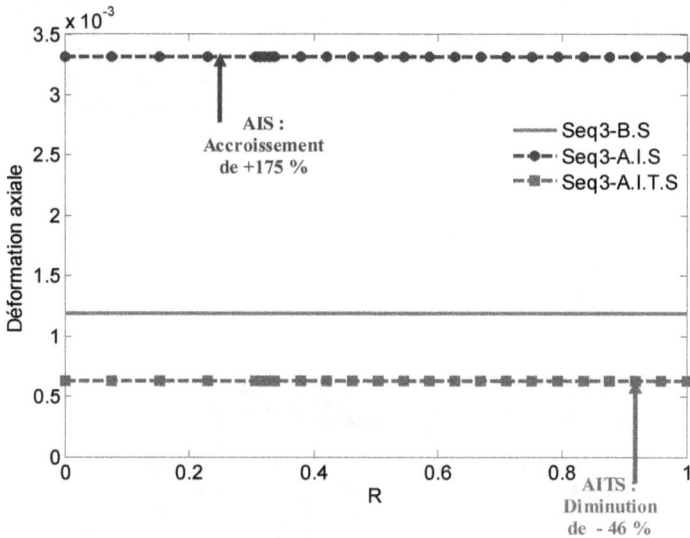

(b) Loi des mélanges

Figure V.17 : Sensibilité de la déformation axiale pour la Seq3 à l'effet des données expérimentales, avant gonflement « B.S. », après gonflement isotrope « A.I.S. » et après gonflement isotrope transverse « A.I.T.S. ».

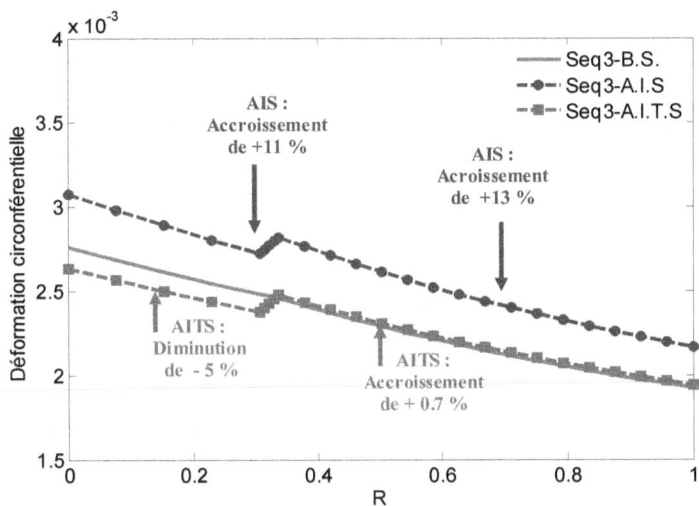

(a) Données expérimentales

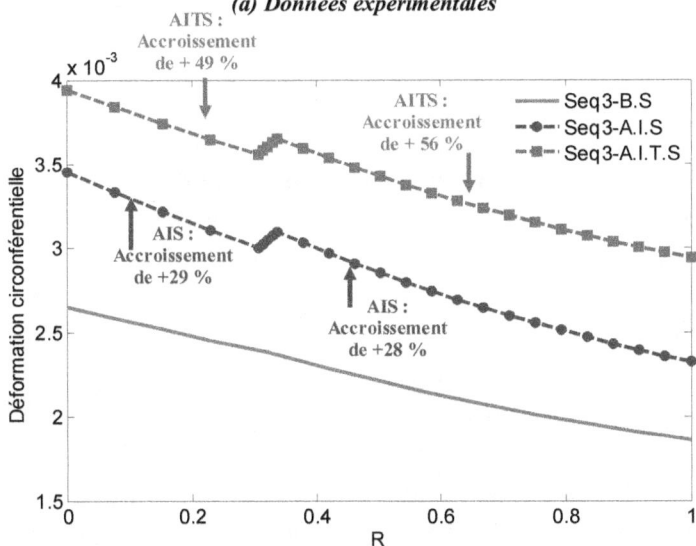

(b) Loi des mélanges

Figure V.18 : Sensibilité de la déformation circonférentielle pour la Seq3 à l'effet des données expérimentales, avant gonflement « B.S. », après gonflement isotrope « A.I.S. » et après gonflement isotrope transverse « A.I.T.S. ».

Cette analyse de sensibilité a montrée que lors de chargement mécanique, l'effet des propriétés élastiques des rubans d'intermétalliques n'affectent pas la rigidité de la solution de stockage et une légère sensibilité (4%) est enregistrée au niveau du liner et du composite. En revanche, lors de la prise en considération du gonflement de l'intermétallique par l'introduction d'un gradient de température au niveau de la loi de comportement de l'intermétallique, en se basant sur les données expérimentales, on a remarqué que :

- Pour le scénario de gonflement isotrope : l'analyse de sensibilité effectué a montrée que quelque soit la base de données, ce scénario de gonflement aura toujours un effet néfaste sur les fissures.

- Pour le scénario de gonflement isotrope transverse : l'allure de la déformation radiale à travers la paroi a montrée qu'une légère décompression est enregistrée au niveau du liner, ce qui ne reflète pas le résultat obtenu par les données de la loi des mélanges. En revanche, les déformations axiales et circonférentielles ont montrés des sensibilités avantageuses en termes de fermetures des fissures sur le liner, avec un effet moins significatif de la déformation axiale par rapport à l'approche qui se base sur la loi des mélanges.

Cette sensibilité à la prise en compte des données expérimentales n'a pas montré des effets néfastes par rapport à celle de l'approche basée sur la loi des mélanges, par contre des effets positifs accompagnés cette chute critique de propriétés élastiques et thermiques.

5.6 Conclusion

Ce chapitre a été consacré à l'analyse de la solution de stockage soumise en premier lieu à un chargement de pression de 40 MPa, puis, en second lieu, àun chargement thermique sur la couche intermétallique afin de simuler son gonflement. Ce gonflement est susceptible de se produire lors d'une fuite d'hydrogène à travers les fissures apparues par fatigue dans la paroi du liner.

La première partie a vu l'analyse de l'effet mécanique sur le comportement de la solution de stockage pour deux séquences d'empilement. Les différents résultats obtenus ont permis de montrer l'avantage de la présence des couches enrobées à 90° qui ont induit un relâchement des contraintes et déformations.

L'effet du gonflement sur les parties liner et composite pour les deux séquences $[\pm 60\ \overline{}_8]$ et $[\pm 60\ \overline{}_7 + [0\ \overline{}_2]$ d'empilements a fait l'objet de la deuxième démarche de ce chapitre, où l'on représente la variation des contraintes, des déformations et du déplacement à travers la paroi du réservoir.

Pour cette deuxième étape de chargement, une analyse comparative est établie entre les situations : avant fuite « B.S. », après fuite : gonflement isotrope de l'intermétallique « A.I.S. » et gonflement isotrope transverse « A.I.T.S. ».

Les grandeurs de contraintes enregistrées au niveau de l'intermétallique et sa faible épaisseur, nous laisse prédire qu'une forte décrépitation et une rupture de ruban prendrons lieu après le gonflement. Ce dismécanisme, induit par l'hydrogénation, pourra être responsable d'une perte de conductivité, où il pourra jouer le rôle d'un détecteur de fuite par la mesure électrique de conductivité, puisque l'absorption d'hydrogène peut mener à une transition en métal/non-métal et à une forte diminution de la conductivité.

L'analyse des résultats a montrée clairement que le gonflement de l'intermétallique induira un écrasement de ce dernier sur le liner et le composite. D'après les résultats de la déformation et la contrainte radiales, on note que le liner et le composite sont comprimés davantage quel que soit le mode de gonflement choisi.

Selon les résultats obtenus en termes de déformations axiale et circonférentielle, les deux scenarios « A.I.S. » et « A.I.T.S. » traités au cours de cette analyse, auront un effet néfaste, en ouvrant d'avantage les fissures, sauf dans le cas du scenario « A.I.T.S. » où on a une chute de la déformation axiale. Dans cette dernière situation, on pourra dire que le gonflement aura un effet positif, à condition que la fissure soit orientée circonférenciellement. Les résultats de déformations radiales ont un effet positif sur la fermeture des fissures au niveau du liner.

Une étude de sensibilité paramétrique du modèle développé aux propriétés élastiques et thermiques a été établie. Cette étude repose sur une analyse comparative entre les résultats obtenus par l'utilisation de la loi des mélanges et par la donnée du module d'Young obtenue lors des essais de traction des rubans intermétalliques. La prise en compte de la donnée expérimentale a permis d'avoir des effets plus avantageux en termes de fermetture de fissures que ceux obtenus par la loi des mélanges.

Pour accentuer cette recherche sur une situation de fuite ou de gonflement local, l'analyse par éléments finis de la structure est indispensable. Cette analyse numérique permettra de voir plus clairement l'effet du gonflement local de l'intermétallique sur la totalité de la structure et plus particulièrement sur la fissure au niveau du liner.

CONCLUSIONS ET PERSPECTIVES

Le travail présenté dans le cadre de cette thèse a permis d'étudier le comportement d'un réservoir hybride pour le stockage d'hydrogène. Cette solution non explorée pour l'instant, est l'association de deux modes de stockage : l'un gazeuse, l'autre solide. Elle se présente sous la forme d'une enveloppe étanche, contenant l'hydrogène utile, d'un intermétallique formateur d'hydrure, qui joue le rôle d'une barrière en cas de fuite et d'une structure de renfort par enroulement filamentaire en composite.

L'objectif principal de cette étude est de comprendre, d'une part l'effet du gonflement de l'intermétallique, en cas de fuite sur le liner d'un coté et le composite de l'autre. Pour cela, notre démarche d'analyse repose sur l'analogie du comportement entre un matériau gonflant par absorption de l'hydrogène et un matériau se dilatant soumis à une variation de température dans des conditions de chargement semblables. En effet, dans les deux cas, que ce soit par absorption d'hydrogène d'une part ou par augmentation de la température d'autre part, l'intermétallique peut subir une déformation supérieure à la déformation élastique, de sorte que si cette déformation est empêchée, l'intermétallique puisse développer des surcontraintes.

Pour pouvoir constater l'effet des surcontraintes induites, en cas de fuite, un modèle analytique a été élaboré et développé. Ce modèle, qui se base sur la théorie de l'élasticité, prend en compte l'effet de chargement de pression interne avec effet de fond et une présence d'un gradient de température dans la partie intermétallique. Nous nous sommes intéressés à la section cylindrique de la solution de stockage, qui est la plus sollicitée par rapport aux dômes.

Le modèle est basé sur une analyse expérimentale et une approche numérique sous ANSYS11. L'analyse expérimentale est menée sur des éprouvettes dont la forme est proche de la solution de type III (liner/composite). La fabrication des éprouvettes, ainsi que la réalisation des essais nous ont permis d'obtenir une base de données expérimentale suffisante pour comprendre le comportement de la structure choisie et de récolter des résultats, qui ont fait la base de l'élaboration et le développement de notre modèle.

Des essais de caractérisation dimensionnelle et mécanique ont été menés sur des échantillons de rubans de l'intermétallique en Zr_3Fe, $Zr_{2.8}Fe$ et $Zr_{2.4}Fe$. Ces essais ont permis de récolter des résultats en termes de limites à la rupture, ainsi qu'une première approche expérimentale de la valeur des modules d'Young.

Une analyse numérique complémentaire sous ANSYS 11, concernant la modélisation du comportement du réservoir métallique renforcé par les fibres, a été élaborée et a permise de renforcer notre analyse analytique.

Sur la base des résultats expérimentaux confirmés par les résultats analytiques et numériques nous avons constaté que les résultats concordes et ne présentent pas une énorme divergence.

L'application du modèle analytique, développé dans ce travail, a été faite sur la solution hybride, pour l'analyse du comportement thermo-mécanique de la structure avant et après fuite. L'analyse de l'effet du gonflement de l'intermétallique sur le liner a montré des signes néfastes et positifs sur la fermetture des fissures que ce soit en utilisant des lois de mélanges ou les données expérimentales.

On note que toute cette campagne expérimentale, ne pouvait pas voir le jour sans le soutien et la collaboration de l'équipe propriétés mécanique des matériaux du LMARC.

Le présent travail de recherche et les travaux qui se fassent en parallèle sur les réservoirs de stockage de l'hydrogène avec ou sans intermétallique au LMARC, donnent une très bonne satisfaction et peuvent faire l'objet d'une application au sein d'un véhicule.

Ce travail de thèse a permis de vérifier le rôle attendu de la barrière intermétallique lors d'un chargement thermomécanique, reste maintenant à se focaliser davantage sur les perspectives suivantes :

La prise en compte de l'endommagement du composite permettra d'améliorer les résultats du modèle analytique et d'estimer le plus précisément possible les paramètres à la rupture de la solution hybride de stockage d'hydrogène.

Un deuxième axe de recherche pourra faire l'objet d'un travail futur et concerne le développement d'un modèle numérique, qui se focalisera sur le gonflement local de l'intermétallique et son effet sur les fissures créées au niveau du liner. Dans le même contexte, une analyse expérimentale sur la forme et l'orientation des fissures permettra de mettre en valeur le rôle attendu de l'intermétallique.

L'élaboration d'une étude d'optimisation des propriétés mécaniques des rubans est indispensable, elle permettra de rendre leurs effets de gonflement avantageux en termes de fermeture des fissures.

L'une des perspectives importantes de cette thèse est de réaliser des essais sur des réservoirs hybrides sous pression d'hydrogène. Ces essais expérimentaux visent à vérifier l'efficacité de la présence de l'intermétallique au sein de la solution de stockage de l'hydrogène. L'intermétallique aurait comme rôle principal d'absorber les quantités d'hydrogène qui se dissipent à travers le liner métallique. Afin de vérifier ce rôle, une approche réaliste peut être mise en place (Annexe C).

BIBLIOGRAPHIE

[1] **Seth D.** : *Hydrogen Futures: Toward a Sustainable Energy System,* World Watch, Paper 157, World watch Institute, Washington, August **2001**.

[2] Clefs **CEA**, 44 (**2000-2001**).

[3] **Joubert J.-M., Cuevas F., Latroche M., Percheron G. A.** : *Stockage de l'hydrogène et risques*, 15ème Journée du CUEPE, Colloque du cycle de formation du CUEPE, *L'hydrogène, futur vecteur énergétique*, Genève le 13 mai **2005**.

[4] **Schlapbach L., Züttel A.** : *Hydrogen-storage materials for mobile applications*, Journal Nature 414, 353-358, 15 November **2001**.

[5] **Nobuhiko T.** et al. : *Hybrid hydrogen storage vessel, a novel high pressure hydrogen storage vessel combined with hydrogen storage material*, International Journal of Hydrogen Energy, Vol. 28, pp. 1121-1129 Elsevier eds, **2003**.

[6] **Aceves S. M.; Berry G. D., Rambach G. D.** : *Insulated pressure vessels for hydrogen storage on vehicles* , Int. J. Hydrogen Energy, Vol. 23, No. 1, pp. 583-591, **1998**.

[7] **Janot R., Latroche M., Percheron-Guégan A.** : *Development of a hydrogen absorbing layer in the outer shell of high pressure hydrogen tanks Development of a hydrogen absorbing layer in the outer shell of high pressure hydrogen tanks*, Materials Science and Engineering B, Vol. 123, pp.187–193, **2005**.

[8] **Zhang N., Lior N.** : *Anovel Brayton cycle with the integration of liquid hydrogen cryogenic exergy utilization* - Journal of Hydrogen energy, Vol. 33, pp. 214-224, **2008**.

[9] CEA La filière hydrogène : *Avancées récentes de la recherché, perspectives industrielles*, www.cea.fr/content/download/4814/28709/file/Hydrogène- perspectives**2007**.pdf.

[10] Projet Solhy, Coordonnateurs **Boubakar M. L., Chapelle D.** : *Analyse et développement d'une SOLution HYbride combinant les voies solide et gazeuse pour le stockage d'hydrogène.* Laboratoires Partenaires : LEMTA - Nancy, LCMTR – Thiais, LMARC – Besançon ACTION CONCERTEE ENERGIE CNRS – Ministère de la Recherche **20/12/2006**.

[11] **Davis P., Chauchot P.** : *Composites for marines applications – part 2: underwater structures*, Mechanics of Composite Materials and structures, pp. 249-260, Kluwer Academic Pub., **1999**.

[12] **Verijenco V. E., Adali S., Tabakov Y. P.**: *Stress distribution in continuously heterogeneous thick laminated pressure vessels,* Composite Structures Vol. 54, pp. 371-377, **2001**.

[13] **Hwang T.-K., Hong C.-S., Kim C.-G.** :*Probabilistic deformation and strength prediction for a filament wound pressure vessel Composites*, Part B: Engineering Vol. 34, Issue 5 , pp. 481-497, 1 July **2003**.

[14] **Wang X., Zhang Y.C., Dai H.L.** : *Critical strain for a locally elliptical delamination near the surface of a cylindrical laminated shell under hydrothermal effects*, Composite Structures, Vol. 67, pp. 491-499, **2005**.

[15] **Lifshitz J.M., Dayan H.** : *Filament–wound pressure vessel with thick metal liner*, Composite Structures, Vol 32, pp. 313-323, **1995**.

[16] **Kabir M. Z.** : *Finite element analysis of composite pressure vessels with a load sharing metallic liner*, Composite Structures, Vol. 49, pp. 247-255, **2000**.

[17] **Mondal S. K.** : *Stress at the junctions of axisymmetric shells under axially varying load*, International journal of pressure vessels and piping, Vol. 75, Issue 10, pp. 727-733, **1998**.

[18] **Hufenbach W., Holste C., Kroll L.** *Vibration and damping of multi-layered composite cylindrical shells*, Composite Structures, Vol. 58, pp. 65-174, **2002**.

[19] **Vasiliev Vv., Krinakov A.A., Razin A.F.** : *New generation of filament-wound composite pressure vessels for commercial applications*, Composite Structure, Vol. 62, p. 449-459, **2003**.

[20] **Messager T., Pyrz M., Gineste B., Chauchot P.** : *Optimal laminations of thin underwater composite cylindrical vessels*, Composite Structures Vol. 58, Issue 4 , pp. 529-537, Elsevier eds, December **2002**.

[21] **Demianouchko E., Jinbo B.** : *Stress state analyses of a ± 55 ° filament-wound composite tube with damage effect*, Composite Structures Volume 37, Issue 2 , Pages 233-239, February **1997**.

[22] **Rosato DV., Grove CS.** : *Filament winding, its development, manufacture, applications and design*, Ch.7. New York: Inter-science, **1964**.

[23] **Moreno H. H.** : *Monitoring de la fabrication de tubes composites réalises par enroulement filamentaire et comportement mécanique sous pression externe*, Thèse de doctorat en génie mécanique, Toulouse **2006**.

[24] **Berthelot J.-M.** : *Matériaux composites, Comportement mécanique et analyse des structures*, 3ème édition TEC & DOC, **1999**.

[25] **Shen F. C.** :*A filament-wound structure technology overview*, Materials Chemistry and Physics 42, 96-100, **1995**.

[26] **Changliang Z., Mingfa R.,Wei Z., Haoran C.** : *Delamination prediction of composite filament wound vessel with metal liner under low velocity impact*, Composite Structures, Vol. 75 , pp. 387–392, **2006**.

[27] **Moncel L.** : *Etude des mécanismes d'endommagement d'un assemblage cuivre / composite carbone –carbone sous chargement thermomécanique*, Thèse de doctorat en mécanique –Université Bordeaux I - 18 juin **1999**.

[28] **Naka M., Tanaka T., Okamoto I.** : Trans. Jpn Weld Res. Inst ., 14, (2), pp . 85 - 91, **1985**.

[29] **Perreux D.** : *Prévision de la durée de vie de matériaux composites verre-epoxy unidirectionnels stratifiés et tissés en contraintes complexes*, Thèse de Docteur en Sciences pour l'Ingénieur de l'Université de Franche-Comté, n° 102, **1989**.

[30] **Maire J.F.** : *Etudes théorique et expérimentale du comportement de matériaux composites en contraintes planes*, Thèse de Docteur en Sciences pour l'Ingénieur de l'Université de Franche-Comté, n° 282, **1992**.

[31] **Le Moal P.** : *Comportement viscoélastique de stratifiés verre-epoxy : des propriétés des constituants à celles du matériau composite*, Thèse de doctorat de l'université de Franche-Comté n° 337, **1993**.

[32] **Muzic B.** : *Modélisation du comportement plastique endommagé d'un unidirectionnel et application au calcul des stratifiés*, Thèse de doctorat de l'université de Franche-Comté n° 458, **1995**.

[33] **Joseph E.** : *Modélisation du comportement en fatigue d'un composite stratifié verre-époxy : aspects théorique et expérimental*, Thèse de Docteur en Sciences pour l'Ingénieur de l'Université de Franche- Comté, n° 457, **1995**.

[34] **Thiebaud F.** : *Modélisation du comportement global en sollicitations quasi-statiques d'un composite stratifié verre-epoxy : aspects théorique et expérimental*, Thèse de doctorat de l'université de Franche-Comté n° 385, 1994.

[35] **Rousseau J.** : *Une approche expérimentale et théorique de l'effet du procédé de fabrication sur les performances d'une structure composite : cas de l'enroulement filamentaire*, Thèse de Docteur en Sciences pour l'Ingénieur de l'Université de Franche-Comté, n° 615, **1997**.

[36] **Lazuardi D.** : *Une approche du rôle des contraintes internes liées à l'élaboration sur le comportement des composites stratifiés*, Thèse de Docteur en Sciences pour l'Ingénieur de l'Université de Franche- Comté, n° 701, 1998.

[37] **Richard F.** : *Identification du comportement et évaluation de la fiabilité des composites stratifiés*, Thèse de Docteur en Sciences pour l'Ingénieur de l'Université de Franche-Comté, n° 769, **1999**.

[38] **Vang L.** : *Contribution à la modélisation méso-macro des structures composites stratifiés*, Thèse de doctorat de l'université de Franche- Comté, **2002**.

[39] **Carbillet S.** : *Contribution aux calculs fiabilistes sur des structures composites,* Thèse de doctorat de l'université de Franche-Comté, n° 1063, **2005**.

[40] **Farines L.**: *Evaluation du potentiel restant de structures composites verre/époxy soumises à des sollicitations de fatigue,* Thèse de doctorat de l'université de Franche-Comté, **2007**.

[41] **Gasquez F.** : *Etude des réservoirs entièrement bobinés en composite destinés au stockage d'hydrogène sous pression : cas Réservoir de type III*, Thèse de doctorat de l'université de Franche-Comté, **2008**.

[42] **Rosenow MWK**. : *Wind angle effects in glass fiber-reinforced polyester filament wound pipes*, Composites, Vol. 15, pp. 144-52, **1984**.

[43] **Tsai S.W**. : *Composite design, Think composite*, 4th edition, Dayton, **1988**.

[44] **Parnas L., Katrice N.**: *Design of fiber-reinforced composite pressure vessels under various loading conditions*, Composite Structures, Vol. 58, pp. 83-95, **2002**.

[45] **Zheng J.Y., Liu P.F.** : *Elasto-plastic stress analysis and burst strength evaluation of Al-carbon fiber/epoxy composite cylindrical laminates*, Computational Materials Science, **2007**.

[46] **Varga L., Nagy A., Kovacs A.** : *Design of CNG tank made of aluminium and reinforced plastic,* Composites, Vol. 26, pp. 457-463, **1995**.

[47] **Tutuncu N., Winckler S. J.** : *Stresses and deformations in thick-walled cylinders subjected to combined loading and temperature gradient*, Journal of reinforced plastic and composite, Vol. 12, pp. 198-209, **1993**.

[48] **Xia M., Takayanagi H., Kemmochi K.** : *Analysis of multi-layered filament -wound composite pipes under internal pressure*, Composites structures, Vol. 53, pp. 483-491, **2001**.

[49] **Xia M., Takayanagi H., Kemmochi K**. : *Analysis of filament-wound reinforced sandwich pipe under combined internal pressure and thermomechanical loading*, Composites structures, Vol. 51, pp. 273-283, **2001**.

[50] **Chapelle D., Perreux D**.: *Optimal design of a Type 3 hydrogen vessel: Part I—Analytic modelling of the cylindrical section*, International Journal of Hydrogen Energy; Vol. 31, pp. 627-638, **2006**.

[51] **Tabakov P.Y., Summers E.B**. : *Lay-up optimization of multilayered anisotropic cylinders based on a 3-D elasticity solution*, Computers and Structures, Vol. 84, pp. 374–384, **2006**.

[52] **Onur S**. : *Analysis of multi-layered composite cylinders under hygrothermal loading*, Composites: Part A: Applied science and manufacturing, Vol. 36, pp. 923–933, **2005**.

[53] **Tabakov P.Y**. : *Multi-dimensional design optimisation of laminated structures using an improved genetic algorithm* Composite Structures, Vol. 54, Issues 2-3, pp. 349-354, November-December **2001**.

[54] **Kim J.Y., Hennig R., Huett V.T., Gibbons P.C., Kelton K.F.** : *Hydrogen absorption in Ti–Zr–Ni quasicrystals and 1/1 approximants,* Journal of Alloys and Compounds, Vol. 404-406, pp. 388-391, 8 December **2005**.

[55] **Züttel A**. : *Materials for hydrogen storage*, Journal materials today, Vol. 6, Issue 9 , pp. 24-33, September **2003**.

[56] **Lemetayer B., Gazanion O**. : *Etude et modélisation de la fabrication de liners métalliques par hydroformage sous haute pression,* Projet de fin d'étude ENSMM, BESANCON, France, **2004**.

[57] **Sofronis P., Birnbaum H.K.** : *Mechanics of the hydrogen dash dislocation dash impurity interactions—I. Increasing shear modulus*. J Mech. Phys. Solids, Vol. 43, pp.49-90, **1995**.

[58] **Bellenger F.** : *Etude et contrôle de la corrosion feuilletante des alliages d'aluminium 2024 et 7449 par bruit électrochimique et émission acoustique. Analyse microstructurale et caractérisation de l'endommagement*. Thèse de doctorat de l'institut national des sciences appliquées de Lyon, **2002**.

[59] **Liang Y., Sofronis P., Aravas N.**: *On the effect of hydrogen on plastic instabilities in metals,* Acta Materialia, Vol. 51, pp. 2717-2730, **2003**.

[60] **Lebienvenu M., Capelle J.** : *Fragilisation des aciers à gazoducs par l'hydrogène*. Forum alphea hydrogène – Metz, **2005**.

[61] **Manabe K.-I., Masaaki A.** : *Effects of process parameters and materials properties on deformation process in tube hydroforming*, Journal of Materials Processing Technology Vol. 123, Issue 2, pp. 285-291, **2002**.

[62] **Gelin J.C., Labergère C., Boudeau N., Thibaud S.** : *Modélisation et simulation de l'hydroformage de liners métalliques pour le stockage d'hydrogène sous haute pression,* $7^{\text{ème}}$ colloque national en calcul des structures, Giens (Var), 17-20 Mai **2005**.

[63] **Yamada T., Yokoi K., Kohno A.** : *Effect of Residual Stress on the Strength of Alumina - Steel Joint with Al-Si Interlayer*, J. Mater. Science, Vol. 25, pp. 2188 - 2192, **1990**.

[64] **Borrego L.P.A., Abreu B.L.M., Costa C.J.M., Ferreira C.J.M.**, *Analysis of low cycle fatigue in AlMgSi aluminium alloys*, Journal Engineering Failure Analysis, Vol. 11, Issue 5 , pp. 715-725, October **2004**.

[65] **Rambaud B., Taillandier T. M., Limam A., Mazars J., Daudeville L.** : *Quantification de la sollicitation avalancheuse par analyse en retour du comportement de structures métalliques,* Projet expérimental – Col du Lautaret, Projet RGCU – Prane 12/**2002**.

[66] **Takeichia N., Senoha H., Yokotab T., Tsurutab H., Hamadab K., Takeshitac H. T., Tanakaa H., Kiyobayashia T., Takanod T., Kuriyamaa N.** : *Hybrid hydrogen storage vessel", a novel high-pressure hydrogen storage vessel combined with hydrogen storage material,* International Journal of Hydrogen Energy, Vol. 28 , pp. 1121 – 1129, **2003**.

[67] **Sandrock G.** : *A panoramic overview of hydrogen storage alloys from a gas reaction point of view*, Journal of Alloys and Compounds, Vol. 293-295, 20, pp. 877-888, December **1999**.

[68] **Aubertin F., Gonser U., Campbell S. J.** : *Hydrogen in Zr-Fe alloys: A Mössbauer effect study*, Journal of the Less Common Metals, Vol. 101, pp.437-440, **1984**.

[69] **Stein F., Sauthoff G., Palm M.** : *Experimental determination of intermetallic phases, phase equilibria and invariant reaction temperatures inthe Fe-Zr system*, J. Phase Equilibria Vol. 23, pp. 481-494, **2002**.

[70] **Junker M., Bocquet L., Bendif M., Karboviac D**. : *L'hydrogène pour le transport sur route – réalisations et développements*, Ann. Chim. Sci. Mat, Vol. 26 (4), pp. 117-130, **2001**.

[71] **Yartys V.A., Fjellvaga H., Haubacka B.C., Riabovb A.B., Sørbya M.H**. : *Neutron diffraction studies of Zr-containing intermetallic hydrides with ordered hydrogen sublattice. II. Orthorhombic Zr FeD with filled Re B- 3 6.7 3 type structure*, Journal of Alloys and Compounds, 278, 252–259, **1998**.

[72] **Sabbaghian M., Nandan D**. : *New concepts on the design of multilayer cylindrical vessels technology*, Part I. Design and analysis, pp.649- 657, **1969**.

[73] **Draidi Z**. : *Renforcement et réparation des coques métalliques par matériaux composites (TFC) Etude du comportement au flambage - approche expérimentale et numérique,* Thèse de doctorat de l'institut national des sciences appliquées- Lyon, **2005**.

[74] **Liang C. C., Chen H.-W**. : *Optimum design of fiber-reinforced composite cylindrical skirts for solid rocket cases subjected to buckling and overstressing constraints*, Composites: Part B, Vol. 34, pp. 273–284, **2003**.

[75] **Liang C.C., Chen H.W**. *: Optimum design of dome contour for filament-wound composite pressure vessels based on a shape factor*, J Composite Structure, Vol. 58, pp. 469-482, **2002**.

[76] **Lark RF**. *Recent advances in lightweight, filament wound composite pressure vessel technology*, J Composites in Pressure Vessels and piping; PVP-PB-021; ASME; pp. 17-49, **1977**.

[77] **Le Bris N**. : *Modélisation du comportement à long terme des matériaux composites : propagation de l'humidité et fluage d'enceintes cylindriques*, Thèse de Doctorat, Université de Paris VI, **1999**.

[78] **Gurdal Z, Olmedo R**. : *In-plane response of laminates with spatially varying fiber orientations: variable stiffness concept.* IAA J;Vol. 31, Issue 4, pp. 751–758, **1993**.

[79] **Olmedo R, Gurdal Z**. : *Buckling response of laminates with spatially varying fiber orientations.* In Proceedings of the AIAA/ ASME/ASCE/AHS/ASC 34th SDM Conference, 19–21 April; La Jola, CA, pp. 2261–2269, **1993**.

[80] **Wild P.M**. : *Analysis of filament-wound cylindrical shells under combined centrifugal, pressure and axial loading*, Composites Part A, Vol.28 A, pp. 47-55, **1997**.

[81] **Gargiulo C., Ikonomopoulos G., Marchetti M**. : *Influence de l'angle d'enroulement sur la résistance de coquilles cylindriques en composites soumises à des charges biaxiales*, Annales des composites – 13 : essais multiaxiaux et composites, pp. 87-102, AMAC, **1995**.

[82] **Grohens A., Allix O**. : *Endommagement d'enceintes composites réalisées par enroulement filamentaire sous compression axiale*, Rapport d'activités, 116 pages, Laboratoires de Mécanique et Matériaux, Université de Brest, mai **1999**.

[83] **Dvorak G.J, Prochazka P**. : *Thick-walled composites cylinders with optimal fiber prestress*, Composite structure, Vol. 27b, pp. 643-649, **1996**.

[84] **Chapelle D., Perreux D**. : *Analytical modelling of the metal reinforced by filament winding for hydrogen storage*, International Science and engineering of composite materials; Vol. 12, pp. 43-53, **2005**.

[85] **AFNOR**, *Bouteilles à gaz transportables – Bouteilles entièrement bobinées en matériaux composites*, NF EN 1975, Févier **2002**.

[86] **AFNOR**, *Bouteilles à gaz – Bouteilles haute pression pour le stockage de gaz naturel utilisé comme carburant à bord des véhicules automobiles*, ISO 11439:2000, Septembre **2000**.

[87] **AFNOR**, *Spécifications pour la conception et la fabrication de bouteilles à gaz rechargeables et transportables en aluminium et alliage d'aluminium sans soudure de capacité comprise entre 0,5 L et 150 L inclus*, NF EN 1975, mai **1999**.

[88] **AFNOR**, *Spécifications pour la conception et la fabrication de bouteilles à gaz rechargeables et transportables en acier sans soudure, d'une capacité en eau comprise entre 0,5 L et 150 L inclus*, NF EN 1964, Avril **2000**.

[89] **AFNOR**, *Bouteilles à gaz transportables – Bouteilles sans soudure, frettées composites*, NF EN 12245, Juin **2002**.

[90] **AFNOR**, *Récipients à gaz – Bouteilles et récipients pour le conditionnement d'hydrogène comprimé*, NF E 29-732, Octobre **1990**.

[91] **Akiba E., Enoki H., Nakamura Y**.: *Nano scale structure such as nano-size crystallites and defects can be found in conventional hydrogen absorbing alloys*. Materials Science and Engineering B, Vol. 108, pp. 60–66, **2004**.

[92] **Akiba E., Enoki H., Nakamura Y**.: *Crystal structural studies of AB5-type, BCC and Zintl phase hydrogen absorbing alloys*. Materials Science and Engineering A, Vol. 329–331, pp. 321–324, **2002**.

[93] **Masanori H., Ryo H., Yoshinobu K., Kuniaki W**.: *Hydrogen-induced disproportionation of Zr M (M5Fe, Co, Ni) 2 and reproportionation,* Journal of Alloys and Compounds Vol. 352, pp. 218–225, **2003**.

[94] **Satoshi K., Takayuki I., Shuichi W**.: *Burst strength evaluation of the FW-CFRP hybrid composite pipes considering plastic deformation of the liner*. Composites: Part A, Vol. 38, pp. 1344–1353, **2007**.

[95] **Bogetti T. A., Hoppel C. P.R., Harik V. M., Newill J. F., Burns B. P**.: *Predicting the nonlinear response and progressive failure of composite laminates*. Composites Science and Technology, Vol. 64, pp. 477–485, **2004**.

[96] **Holloman J.H**.: *Tensile déformation*, Trans AIME, 162, pp. 268-290, **1945**.

[97] **Lemaitre J., Chaboche J.L** : *Mécanique des matériaux solides*, Editions Dunod, **1985**.

INDEX DES TABLEAUX

Chapitre V

INDEX DES FIGURES

Chapitre I

Chapitre II

Chapitre III

Chapitre IV

Chapitre V

NOMENCLATURE

Plan de référence de la fibre composite

x , y et z	Directions longitudinale et transversale de la fibre respectivement.
σ_{ij} (i, j = x, y, z)	Composants du vecteur de contraintes d'une couche unidirectionnelle (MPa).
ε_{ij} (i, j = x, y, z)	Composants du vecteur de déformations d'une couche unidirectionnelle.
E_x , E_y , E_z	Modules de Young de la couche dans les directions longitudinale et transversales (GPa).
ν_{xy} , ν_{xz} , ν_{yz}	Coefficients de Poisson
G_{xy}, G_{xz} et G_{yz}	Modules de cisaillement (GPa)
S_{ij}	Composants de la matrice de souplesse
α_x , α_y	Coefficients thermiques dans les directions longitudinale te transversale ($10^{-5o}C^{-1}$)
σ_{xU}, σ'_{xU}	Contraintes à la rupture en traction (MPa)
σ_{yU}, σ'_{yU}	Contraintes à la rupture en compression (MPa)
σ_{yxU}	Contrainte à la rupture en cisaillement (MPa)

Plan de référence du cylindre

z	Direction axiale
θ	Direction circonférentielle
r	Direction radiale
h_k	Epaisseur de la couche k (mm)
$\sigma_{ij}^{(k)}$ (i, j = z, θ , r)	Composants du vecteur de contrainte de la couche k (MPa)
$\varepsilon_{ij}^{(k)}$ (i, j = z, θ , r)	Composants du vecteur de déformation de la couche k
r_0	Rayon interne (mm)
r_a	Rayon externe (mm)
R_{int}^k et R_{ext}^k	Rayons internes et externes de la couche k respectivement (mm)
w	Nombre des couches totales de la solution de stockage

ε_0 Déformation axiale

γ_0 Torsion par unité de longeur (1/mm)

U_r, U_θ et U_z Déplacement radial, circonférentielle et axial (mm).

F Force axiale appliquée (N).

C Couple de torsion appliquée (N/mm).

➢   **Liner**

ε^e Déformation élastique.

ε^p Déformation plastique.

χ Puissance de déformation plastique [MPa].

ε_H Déformation exprimée par le critère de Hill.

S_{ij}^L Composants de la matrice de souplesse du liner

S_e^L Matrice de souplesse élastique du liner

S_p^L Matrice de souplesse plastique du liner

E^L Modules de Young du liner et de l'intermétallique (GPa)

G^L Modules de cisaillement du liner et de l'intermétallique (GPa)

ν^L Coefficient de Poisson du liner et de l'intermétallique

λ Multiplicateur plastique.

η Paramètre qui définisse le comportement plastique du liner [MPa]

δ Coefficient d'écrouissage du liner

μ Fonction qui traduit l'écrouissage du matériau.

f Fonction caractérisant la surface d'écoulement plastique.

n_L Le nombre de sous-couches liner.

F, G, H, L, M et N Propriétés anisotropes du matériau

➢   **Intermétallique**

S_e^I Matrice de souplesse

S_{ij}^I Composants de la matrice de souplesse

E^m — Modules de Young (GPa)

G^m — Modules de cisaillement (GPa)

v^m — Coefficient de Poisson

α^m — Vecteur de coefficient de dilatation thermique ($10^{-5}{}^{\circ}C^{-1}$)

n_m — Le nombre de sous-couches d'intermétallique.

> **Composite**

σ' — Vecteur de contraintes et de déformations dans le repère (r, θ, z) (MPa)

ε' — Vecteur de déformations dans le repère (r, θ, z)

φ — Angle d'enroulement autour de z (°)

α'_{ij} (i, j = z, θ, r) — Coefficients thermique exprimés dans le repère (r, θ, z) ($10^{-5}{}^{\circ}C^{-1}$).

T_σ et T_ε — Matrices de changement de base des contraintes et déformations respectivement.

S^c — Matrice de souplesse

C^c — Matrice de rigidité

n_c — Le nombre de couches composite.

169

ANNEXES

Annexe A : Résultats expérimentaux du réservoir de type III

➤ **Résultats de la Seq1**

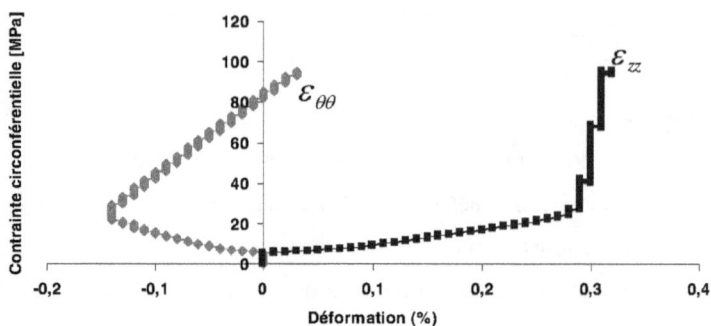

Figure A.1 : Chargement à 100 bars

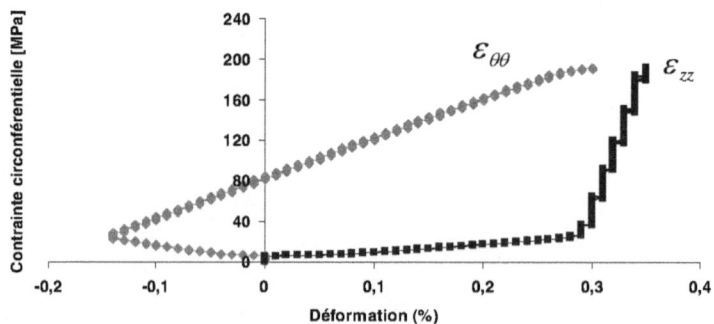

Figure A.2 : Chargement à 200 bars

➤ **Résultat de la Seq4**

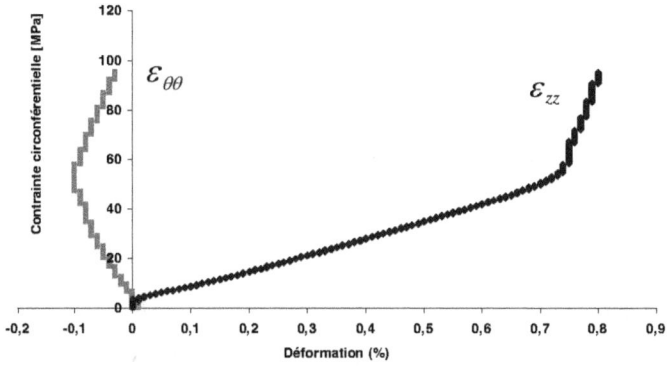

Figure A.3 : Chargement à 100 bars

Annexe B : Résultats de l'effet du gonflement de l'intermétallique sur la solution hybride de la Seq4

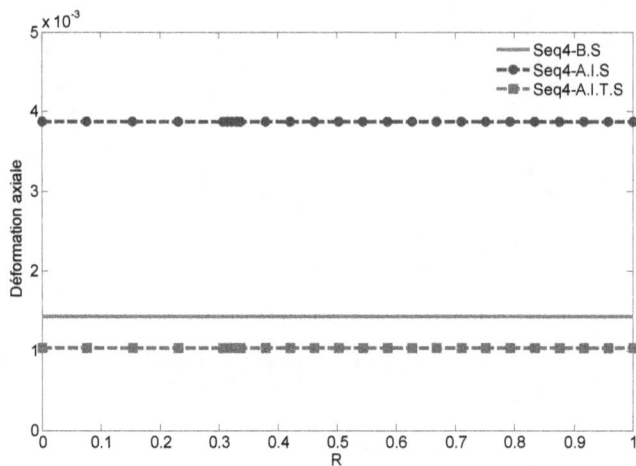

(a)

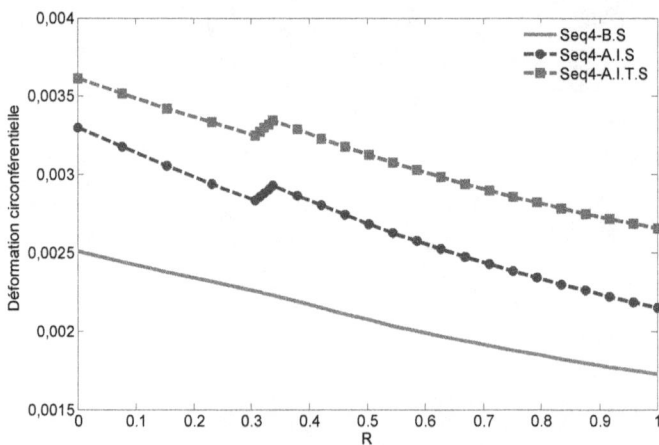

(b)

Figure B.1 : Distribution des déformations axiale et circonférentielle à travers l'épaisseur pour la Seq4, avant gonflement « B.S. », après gonflement isotrope « A.I.S. » et après gonflement isotrope transverse « A.I.T.S. ».

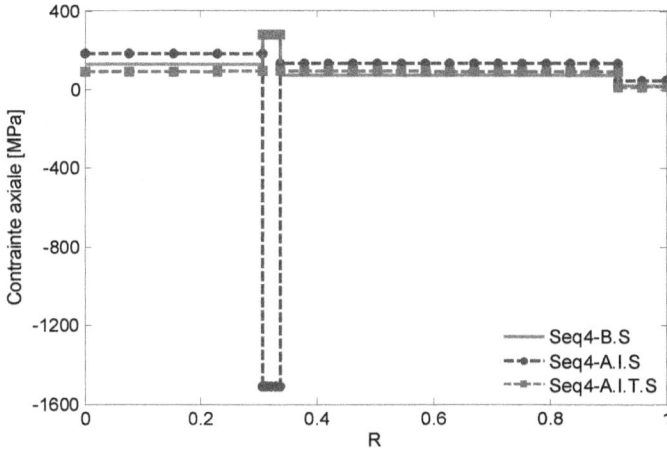

Figure B.2 : Distribution de la contrainte axiale à travers l'épaisseur pour la Seq4 avant gonflement « B.S. », après gonflement isotrope « A.I.S. » et après gonflement isotrope transverse « A.I.T.S. ».

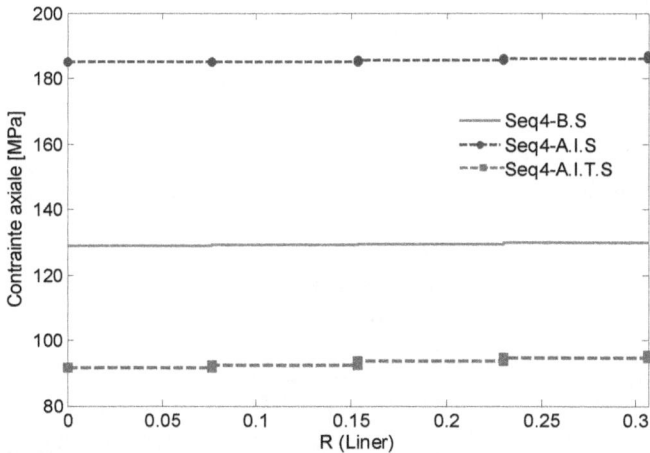

Figure B.3 : Distribution de la contrainte axiale à travers l'épaisseur pour la Seq4 dans la partie liner.

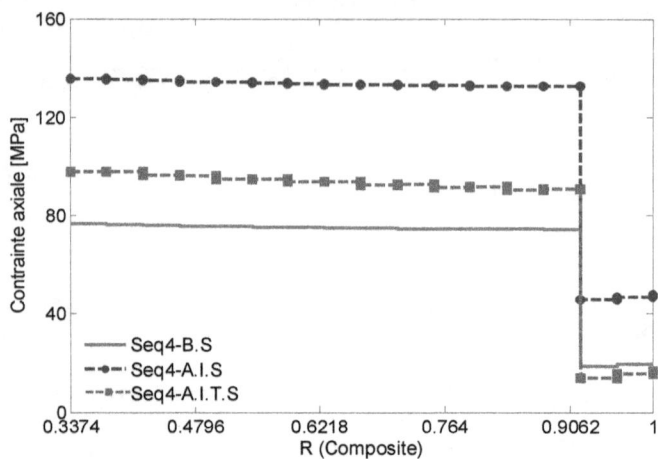

Figure B.4 : Distribution de la contrainte axiale à travers l'épaisseur pour la Seq4 dans la partie composite.

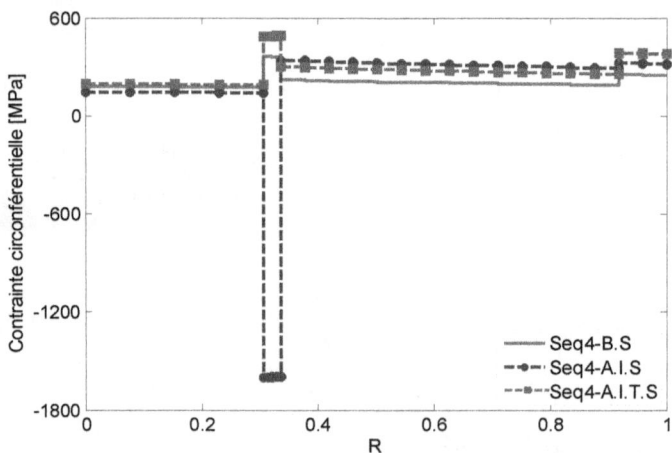

Figure B.5 : Distribution de la contrainte circonférentielle à travers l'épaisseur pour la Seq4 avant gonflement « B.S. », après gonflement isotrope « A.I.S. » et après gonflement isotrope transverse « A.I.T.S. ».

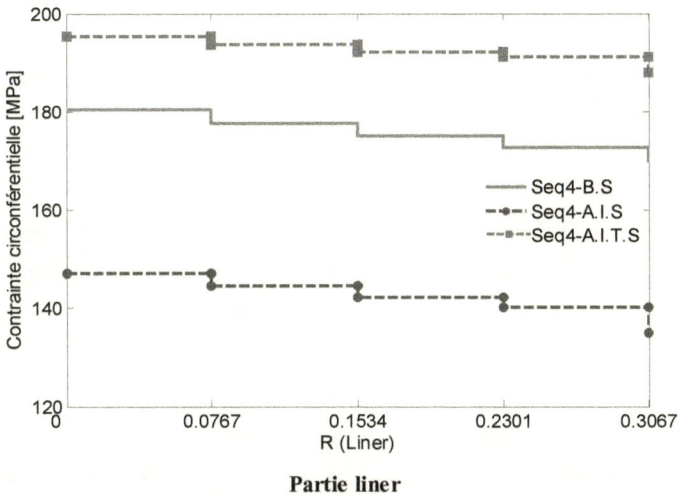

Partie liner

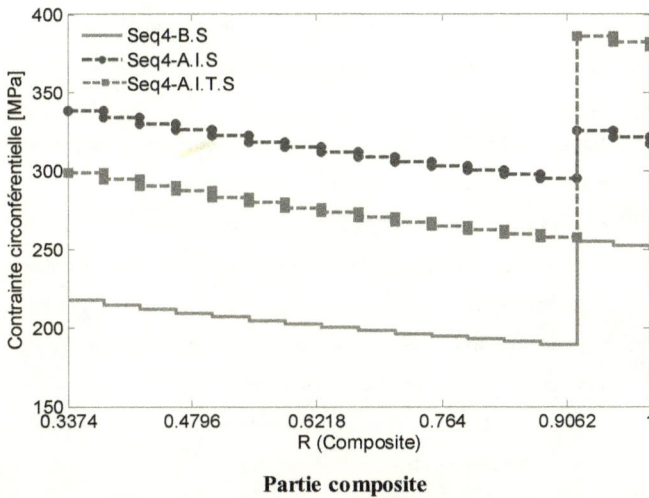

Partie composite

Figure B.6 : Distribution de la contrainte circonférentielle à travers l'épaisseur pour la Seq4 dans la partie liner et dans la partie composite.

Annexe C : Analyse expérimentale de la solution hybride

L'analyse expérimentale qui peut être mise en place considère que la fuite ne peut se dérouler que s'il y'a présence d'issues pour l'hydrogène au niveau du liner. Ces issues peuvent être obtenues par des essais de fatigue du liner métallique. Une fois ces issues obtenues, la démarche d'essai peut s'intéresser à deux architectures d'éprouvettes :

- solution liner / composite
- solution hybride.

Le premier type d'architecture permet d'évaluer le rôle du composite lorsqu'une fuite existe au niveau du liner, alors que le deuxième vise à tester l'intégralité de la solution hybride. Le protocole expérimental suivant est alors préconisé :

- fatigue du liner,
- essais de chargement sur la solution liner/composite,
- essais de chargement sur la solution hybride.

Chaque point de ce protocole exige un montage adéquat et la définition des conditions de réalisation.

1. Fatigue du liner

L'objectif de cet essai est de créer des fissurations au niveau du liner, afin de faciliter la traversée de l'hydrogène. Le nombre de cycles doit rester limité afin de ne pas atteindre le cycle de charge à rupture.

2. Essais de chargement : ce deuxième point se réalise sous les conditions suivantes :

- Assurer une alimentation fiable en hydrogène.
- Assurer une parfaite étanchéité du banc d'essai.
- Contrôler l'environnement du réservoir, pour une éventuelle présence d'hydrogène.

Pour atteindre ces objectifs, nous proposons le montage représenté en figure C.1. Le rôle de chaque composant du montage est décrit ci-après :

- Eprouvette testée (figure C.2) : constituée d'une section cylindrique nommée « Liner », fermée par deux extrémités (figure C.3).

- Boîte de protection (enceinte de confinement) : c'est le lieu de réalisation des essais de mise sous pression d'hydrogène des réservoirs. Elle permet de limiter l'environnement du réservoir et elle assure la sécurité du personnel en cas d'éclatement.

- Connectivité et accès : ces composants assurent la facilité de la mise en place du réservoir à l'intérieur de la boîte d'une part, et l'alimentation en hydrogène, ainsi que les prises de mesure en terme de température, contraintes et déformations, d'autre part.

- Support réservoir : un support est envisagé, afin de simplifier le montage. Les mors de fixations doivent être adaptables au protocole de l'expérimentation.

- Système d'étanchéité du réservoir et de la boîte : ce système aura comme rôle, d'assurer l'étanchéité contre toute tentative de fuite de pression et permettre au capteur d'hydrogène de jouer son rôle. L'étanchéité du réservoir montage est assurée par des joints d'étanchéité BalSeal®. Les caractéristiques de ces joints sont fournies dans le tableau C.1. Le positionnement de ces joints est illustré par la figure C.2.

Propriétés	Description
Service	Statique
Pression (bar)	0 – 200
Température (°C)	0 - 80
Type de média	Hydrogène

Tableau C.1 : Propriétés des joints d'étanchéités.

- Capteur d'hydrogène : le capteur doit être caractérisé par une grande stabilité et une réponse rapide. Le niveau de détection d'hydrogène a une importance majeure durant les expérimentations.

- Circuit d'alimentation d'hydrogène : son rôle est d'acheminer l'hydrogène sous forme gazeuse vers l'éprouvette cylindrique. L'utilisation d'un système anti-retour prévient de tout retour d'hydrogène. Afin de savoir qu'elle quantité d'hydrogène restante après la fuite, un système de jauge sera très utile pour avoir cette information.

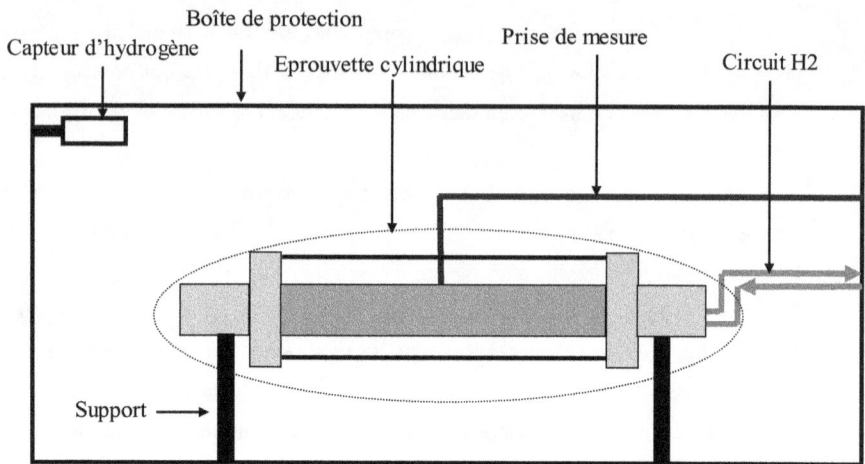

Figure C.1 : Représentation schématique du banc d'essai.

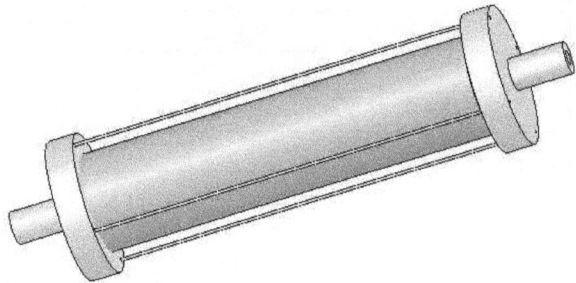

Figure C.2 : Eprouvette cylindrique.

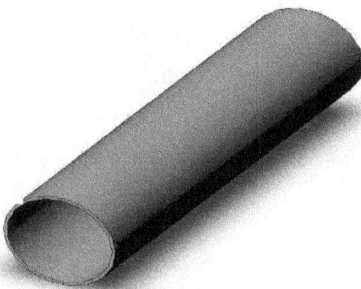

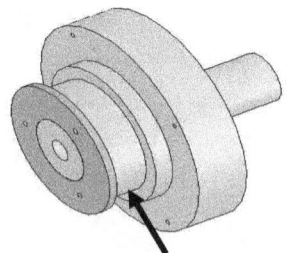

Emplacement du joint d'étanchéité

Liner en aluminium   **Extrémité avec bague**

Figure C.3 : Composants de l'éprouvette cylindrique.

178

www.ingramcontent.com/pod-product-compliance
Lightning Source LLC
Chambersburg PA
CBHW021050210326
41598CB00016B/1158